强者不是没有眼泪，而是含着眼泪继续奔跑

QIANGZHE BU SHI MEI YOU YANLEI,
ER SHI HAN ZHE YANLEI JIXU BENPAO

木水月亮 著

北方妇女儿童出版社

长 春

图书在版编目（CIP）数据

强者不是没有眼泪，而是含着眼泪继续奔跑 / 木水
月亮著．— 长春：北方妇女儿童出版社，2015.3
ISBN 978-7-5385-8686-2

Ⅰ．①强… Ⅱ．①木… Ⅲ．①成功心理－通俗读物
Ⅳ．① B848.4-49

中国版本图书馆 CIP 数据核字（2014）第 252839 号

出 版 人：刘　刚
出版统筹：师晓晖
策　　划：慢半拍·马百岗
责任编辑：孙　健　张晓峰
封面设计：蔡小波
版式设计：颜国森
开　　本：880mm×1230mm　　1/32
印　　张：6.5
字　　数：120千字
印　　刷：北京盛华达印刷有限公司
版　　次：2015年3月第1版
印　　次：2015年3月第1次印刷

出　　版：北方妇女儿童出版社
发　　行：北方妇女儿童出版社
地　　址：长春市人民大街4646号
　　　　　邮编：130021
电　　话：编辑部：0431- 86037512
　　　　　发行科：0431-85640624

定　　价：32.80元

There is always an oasis in the desert

沙 漠 无 垠， 亦 可 自 寻 生 机

在这个世界上，没有什么人会随随便便就平步青云，在每一个被称作"强者"的人背后，都隐匿着许多他人所不了解的辛酸与苦楚。

沙漠无垠。

白日干燥得冒烟，四寂无声；夜里气温低得直逼零摄氏度。亦有水草丛生、绿树成荫，一派生机勃勃，自己构筑出一个生态系统来，庇佑生灵的绿洲。它们到底经历了怎样的演化，才能绵延不息，不被沙漠吞噬呢？

人生正如荒凉里生出绿洲，从一个懵懂孩童，到成长壮大、自成一脉的人生历程里，不可能一帆风顺。当你遭遇挫折，面临世事不公，厄运接连打击，命运侵蚀时，不要觉得惊讶和沮丧，反而应该视为当然。

只有向上攀爬，才有可能遭遇坠落的风险；只有历经流水冲刷，才有鹅卵般完美的形态；只有乘风破浪，才有可能跨越河川，抵达彼岸；只有含着眼泪继续奔跑，才能成为不被命运压垮的强者。

所以，从有自我意识的那一刻起，就有一个明确的认识吧：人的

一辈子必定有风有浪，绝对不可能日日是好日、年年是好年。冷静地面对它，战胜它，历练自己的臂膀和腿脚，把它们狠狠抛在后面。

一个人经过不同程度的锻炼，就能获得不同程度的修养、不同程度的人生。最好的人生，不一定就是成功到一人之下，万人之上；最好的人生是带着强大的内心上路，历经漫漫冬夜，穿过最深的黑暗，抵达黎明，沐浴阳光，从容微笑。

你要知道，在这个世界上，在奋斗前行的路上，你永不孤单。世上无数人前赴后继，在为着理想奋斗，坚持信念、努力前行，任风雨飘摇、满途荆棘，依然所向披靡。他们拥有发自内心的、顽强的灵魂，可以不被眼泪汪洋了自己的生活，阻隔了追求更好的自己的力量。

无论道路多么泥泞不堪，难以下脚，就让眼泪洗涤一切，然后，继续奔跑。成熟不是心变老，头低下，强者不是踩踏他人，目空一切，而是泪在眼眶里打转，嘴角却还挂着微笑。从容面对一切。

目录

Part 1

只要我还有痛苦，
你就不能说我一无所有

You can't say I have nothing when I have pain

麦地

别人看见你

觉得你温暖、美丽

我则站在你痛苦质问的中心

被你灼伤

今天觉得痛苦的事恰恰是将来炫耀的资本
Today's pain is the capital in future

很久以前，有位养蚌人想培养一颗世上最大最美的珍珠。他去海边沙滩上挑选沙粒，并且一颗一颗地问那些沙粒，愿不愿意变成珍珠。那些沙粒都摇头说不愿意。

养蚌人从清晨问到黄昏，最后都要绝望了。就在这时，有一颗沙粒答应了他。

旁边的沙粒都嘲笑那颗沙粒，说它太傻，去蚌壳里住，远离亲人、朋友，见不到阳光、雨露、明月、清风，甚至还缺少空气，只能与黑暗、潮湿、寒冷、孤寂为伍，不值得。

可那颗沙粒还是无怨无悔地随着养蚌人去了。

斗转星移，很多年过去了，那颗沙粒已长成了一颗晶莹剔透的无价之宝，而曾经嘲笑它傻的那些伙伴们，依然只是一堆沙粒，有的早已风化成土。

马云说，今天碰到任何痛苦的事情，都是将来吹牛的资本。

那颗沙粒之所以能成为珍珠，是因它有成为珍珠的信念。前行路上，无论遭遇多少黑暗、潮湿、孤寂、寒冷，无论暗自啜泣多少次，那颗沙粒依旧坚定不屈，努力向前。倘若半途放弃了，它恐怕仍是沙滩上毫不起眼的沙粒。

那坎坷的故事，成就这传奇的珍宝
The legendary Pearl Necklace

"梅迪西斯"珍珠项链由6排正圆大珠和25颗大珠组成，原属克莱芒教皇所有。1533年他的侄女凯瑟琳·德·梅迪西斯嫁给法王亨利二世，教皇将珠链送给了侄女。

若干年后凯瑟琳在儿子弗朗奈瓦迎娶玛丽·斯图亚特为王后时，将"梅迪西斯"珠链送给了这位美丽的苏格兰公主。后来，弗朗奈瓦病逝，玛丽将太后赠与的珍珠带回故乡。

1558年苏格兰女王去世，玛丽的堂姐妹伊丽莎白篡夺了王位，并于1587年将玛丽处死。"梅迪西斯"珠链也因此移主。凯瑟琳几番追讨项链却始终无果。16年以后，伊丽莎白女王去世，玛丽的儿子詹姆斯一世登上王位，继承了珠链。詹姆斯将珠链送给了女儿伊丽莎白，伊丽莎白又将珠链送给了女儿索菲娅，索菲娅将"梅迪西斯"珍珠项链带到了英格兰并送给了自己的儿子威廉四世，这串传世的珍珠项链渐渐成了英格兰王室的珍宝。

威廉四世去世后，维多利亚继位，却从未戴过那串珠链。她的表亲汉诺威亲王认为珠链为自家所有，要求归还。但事情迟迟没有一个结果，不过最后这位表亲还是得到了一串珍珠项链。但它是否就是陪伴过14位女王的那串"梅迪西斯"珠链？这串相传了几百年的珠链现在何处？至今也无人知晓。

存在，便有希望
Breath means hope

著名音乐家亨德尔年幼时，家人不准他去碰乐器，哪怕是一个音符。他依旧半夜里悄悄地跑到阁楼里弹钢琴。

莫扎特孩提时，没日没夜地做苦工，但是到了晚上他就偷偷地去教堂聆听风琴演奏，将全部身心都融化在音乐之中。

巴赫年幼时只能在月光底下抄写学习的东西，连点一支蜡烛的要求也被蛮横地拒绝了。当那些手抄的资料被没收后，他依然没有灰心丧气。

同样，皮鞭和责骂反而使儿童时代充满热忱的奥利·布尔更专注地投入到小提琴曲中去。

生活中的阴云和不测不知会使多少人活在自怨自艾的边缘，许多人早已习惯了用悲伤去迎接生命的各种遭遇。

唯智者明白，再自怨自艾、再悲伤忍耐，也无法改变生活的窘态，只有奋起，只有用心感受美好，只有坚定地往上攀爬，才能终有一天离开泥淖，看到彩虹。

我们所可以自慰的，想来想去，也还是所谓对于将来的希望。希望是附丽于存在的，有存在，便有希望，有希望，便是光明。如果历史学家的话不是诳话，则世界上的事物可还没有因为黑暗而长存的先例。黑暗只能附丽于渐就灭亡的事物，一灭亡，黑暗也就一同灭亡了，它不永久。然而将来是永远要有的，并且总要光明起来；只要不做黑暗的附着物，为光明而灭亡，则我们一定有悠久的将来，而且一定是光明的将来。

——鲁迅

平凡亦可
Ordinary road

2014 年火热的夏天，朴树的《平凡之路》唤起人们多少翻滚的情绪。

我曾经跨过山和大海，也穿过人山人海

我曾经拥有着一切，转眼都飘散如烟

我曾经失落失望失掉所有方向，直到看见平凡才是唯一的答案

我曾经毁了我的一切，只想永远地离开

我曾经堕入无边黑暗，想挣扎无法自拔

我曾经像你像他像那野草野花，绝望着，渴望着，也哭也笑平凡着

我曾经跨过山和大海，也穿过人山人海，我曾经问遍整个世界，从来没得到答案

我不过像你像他像那野草野花，冥冥中这是我，唯一要走的路啊……

你可见过在悬崖峭壁上卓然屹立的松树？它深深地扎根于岩缝之中，努力舒展着自己的躯干，任凭阳光暴晒，风吹雨打，在残酷的环境中它依旧始终保持着昂扬的斗志和积极的姿态。或许，它很平凡，只是一棵树而已，但是它并不平庸，它努力地保持着自己生命的傲然姿态。

平凡的人虽然不一定能成就一番惊天动地的大事业，但对他自己而言，能在生命过程中把自己点燃，即使只能发出微微星火也已足够。

"若生命是一朵花就应自然地开放，散发一缕芬芳于人间；若生命是一棵草就应自然地生长，不因是一棵草而自卑自叹；若生命好比一只蝶，何不翩翩飞舞？"

后会无期
The Continent

《后会无期》是由中国畅销书作家韩寒担任编剧及导演，冯绍峰、陈柏霖、钟汉良、王珞丹、袁泉、陈乔恩等联合主演的一部悲喜剧公路电影。主人公是在东极岛一起长大的几个年轻人，他们决定重新选择自己的前路。横跨大陆的自驾旅途上，那些传奇经历与际遇让他们有了各自不同的命运归宿。影片2014年7月于中国内地上映。

在路上的
徘徊着的

失去热忱，就损伤了灵魂
To give up enthusiasm wrinkles the soul

多莉·帕顿出生在美国田纳西州赛维县一个只有两间房的木棚里，她在十二个孩子中排行第四。全家靠她父亲在一小块山地上辛勤劳作来勉强糊口。多莉·帕顿生来并不比别人强。她在早年过着山里人最贫穷的生活，以木棚为家，洗刷操劳，困苦不堪。然而，多莉付出了某种特别的东西——她不愿成为拖儿带女的山里妇人，于是她付出了自己对生活的热情。

她从孩提时代开始学习歌唱，5岁就能唱出歌词，由她母亲替她写下来。7岁时，多莉·帕顿用旧乐器的残件制作了自己的吉他。第二年，一位叔叔送给她一把真正的吉他。她一直坚持练习歌唱。上高中了，她没有漂亮衣服，但她有自己的梦想和热情。她的妹妹后来回忆说："多莉向别人讲自己的梦想时，一点也不害羞。在我们生活的乡村里，没有一个人这样想过，孩子们当然会笑话她。"

后来她成了美国第一位唱片销量达百万以上的明星，她一辈子都在唱歌。她的热忱永不停息。

热忱就是内心里的光辉——这种炽热的、精神的特质深存于一个人的内心。真正的热忱让你坚信不疑地去实现目的，让你有火一样燃烧的愿望，它驱使你去追求你的目标，直到你如愿以偿。

　　麦克阿瑟将军在南太平洋指挥盟军的时候，办公室墙上挂着一块牌子，上面写着："你有信仰就年轻，疑惑就年老；你有自信就年轻，畏惧就年老；你有希望就年轻，绝望就年老；岁月使你皮肤起皱，但是失去了热忱，就损伤了灵魂。"

1989 年出生的泰勒·斯威夫特迄今共发行过七张专辑和一张 EP。第一张同名专辑 *Taylor Swift* 登上乡村榜 No.1，专辑榜 No.5，并获得五首乡村单曲榜 Top 10，其中还有两首 No.1，迄今全美已销售 480 万张。第二张专辑 *Fearless* 更是大跃进，发行首周即以近六十万的销售量荣登 Billboard 专辑榜冠军，发行至今已创造出三首单曲榜 Top 10，两首 Top 20，全美累计唱片销量 600 万张。

她的笑容是迷人的，她的故事是传奇的，她的歌，简单而动听。

她在 12 岁那年写下了 The Outside 这首歌。

她出生在宾夕法尼亚州，在那里长大，当她开始追求音乐梦想时，身边的孩子并不能理解："哈，你唱'乡村音乐'？！"当时对于她的伙伴们来说，这是在是一件很诡异的事情，她为此受到了众人的嘲笑。

在学校里，午饭时间，当她坐在某张桌子时，那一张桌子的人都会马上离开，不愿意和她同桌吃饭。没有人和她说话，她没有朋友。当别的女孩子都在一起玩的时候，她往往奔波于各种场合进行表演，或是在家里练吉他，写歌。

有一次，她很高兴地打电话给同学，约她们周末一起去逛街，但是几个女孩都推脱有事不能去。于是，她只好和妈妈一起去逛街。就在商场里，她看到那几个说没空的"朋友"竟然也在逛街。可以想象得出当时的她有多伤心，毕竟，

她只是一个孩子。

　　她在采访中说，她把这首歌放进这张专辑，是因为她并不是一直像现在这样被这么多人喜欢，自己也曾经觉得身边没有什么可以信任的人。她说：

　　"The Outside 这首歌是我最早期创作的歌曲之一，它也讲述了我开始写歌的原因。当时我 12 岁，在学校里相当于一个弃儿，与别人格格不入。我和其它的孩子很不一样，我自己也不太明白为什么。假期的时候，别的小姑娘在玩睡衣派对，我却在唱乡村音乐。我每天醒来都不知道今天会不会有人跟我说话。每个人的生命中都会有一段灰色的岁月。你可以任由自己消沉，或者寻找方法站起来。我也得出了结论，即使人们不理解我，音乐确实是最好的伴侣。真的很难想象如果当初我也是那些孩子里的一员，现在我的生活将会是什么样。"

唤醒深藏于心底的激情
Wake up your passion deep in your heart

  1953 年，美国哈佛大学曾对当时的应届毕业生做过一次调查，询问他们是否对自己的未来有清晰明确的目标，以及达到目标的书面计划。结果，只有不到 3% 的学生给出了肯定的答复。

  20 年后，研究者再次访问了当年接受调查的毕业生，结果发现那些有明确目标及计划的 3% 的学生，在 20 年后不论在事业成就、快乐及幸福程度上都高于其他人。甚至，这 3% 的人的财富总和，居然大于另外 97% 的所有学生的财富总和，而这就是设定目标的力量。

  目标给你一个看得见的靶子，让你一步一个脚印地去实现这些目标。目标是一种持久的渴望，是一种深藏于心底的潜意识。它能长时间地调动你的创造激情，调动你的心力。

  目标能够指导人生，规范人生，一个一心向着自己目标前进的人，整个世界都会给他让路。

　　洛宾和未婚夫一起到夏威夷度假，她和奎因之间的故事便开始了。 洛宾在度假第二天便接到工作任务，需要尽快赶去拍摄明星广告。洛宾央求奎因用货机载她一程，不料飞行路上货机遇上暴风雨，只好紧急迫降在一个荒凉的小岛上。在这里，奎因和洛宾将面临着严峻的生存问题：吃孔雀、被蛇咬、被海盗追杀，等等。奎因强有力地保护着洛宾，二人互生情愫，然而已有婚约的洛宾，心中却挣扎不已。这段感情，将何去何从？

1 Harvard University USA 哈佛大学

哈佛大学成立于 1636 年，其文理研究生院于 1872 年组建，是全美最古老的大学之一，迄今已培育出了八位美国总统，四十位诺贝尔奖得主和三十位普利策奖得主。美国独立战争以来几乎所有的革命先驱都出自于哈佛的门下，它被誉为美国政府的思想库。

2 University Of Cambridge 剑桥大学

剑桥大学是英国著名的老牌大学。剑桥大学拥有 31 个学院，为数众多的实验室和研究机构分散在城中各处。剑桥大学拥有 62 个系，其中有 29 个理科系、33 个文科系，各系都有自己的教学大楼和图书馆。众多系中尤为著名的是物理系和卡文迪什实验室。剑桥大学和牛津大学齐名，是英国最优秀的两所大学，被合称为 "Oxbridge"。81 位诺贝尔奖得主出自此校。

3 Yale University 耶鲁大学

著名的私立大学，在美国历史最悠久的大学中排行第三。大学图书馆藏书600 万册，是美国最大的图书馆之一。大学美术馆建于 1823 年，收藏广泛，

是美国大学中最早设立的美术馆之一。耶鲁大学的皮波第自然历史博物馆收藏有古生物、考古和人类文化方面的重要文物。耶鲁大学招生严格，其学术水准和社会声望在全美高等学府中名列前茅。

4 University Oxford 牛津大学

牛津大学建立于13世纪，以美丽的大学城闻名全世界。牛津大学是英国第一所国立大学，培育出无数的杰出人士。它在英国社会和高等教育系统中具有极重要的地位，有着世界性的影响。很多英国和全世界的青年学子都以进牛津大学深造为理想。

倔强地笑到最后

　　巴尔扎克的父亲一心希望儿子可以当律师，将来在法律界有所作为。但巴尔扎克根本不听父亲的忠告，在大学学完四年的法律课程后，他偏偏想当作家，为此，父子关系相当紧张。

　　盛怒之下，父亲断绝了巴尔扎克的经济来源。而此时，巴尔扎克投给报社、杂志社的各种稿件被源源不断地退了回来。他陷入了困境，开始负债累累。

　　然而，他丝毫没有向父亲屈服的意思。有时候，他甚至只能就着一杯白开水吃点干面包。但他依然那么乐观，对文学的热爱已经深深地根植在他的内心，他觉得没有什么困难可以阻挡自己向缪斯女神膜拜的脚步。他想出一个对抗饥饿与困窘的办法，每天用餐，他随手在桌子上画上一只只盘子，上面写上"香肠""火腿""奶酪""牛排"等字样，在想象的欢乐中，他开始狼吞虎咽。

　　为了激励自己，穷困潦倒的巴尔扎克还花费 700 法郎买了一根镶着玛瑙石的粗大的手杖，并在手杖上刻了一行字：我将粉碎一切障碍。正是手杖上这句气壮山河的名言支持着他不断地向创作高峰攀登。

奥诺雷·德·巴尔扎克（1799 年 5 月 20 日—1850 年 8 月 18 日），法国 19 世纪著名作家，被称为现代法国小说之父，是法国现实主义文学成就最高者之一。他创作的《人间喜剧》中共有 91 部小说，写了两千四百多个人物，是人类文学史上罕见的文学丰碑，被称为法国社会的"百科全书"，《人间喜剧》被誉为"资本主义社会的百科全书"。但他由于早期的债务和写作的艰辛，终因劳累过度于 1850 年 8 月 18 日与世长辞。

　　林肯21岁时经商失败，22岁参选州议员落败，24岁经商又失败，26岁丧妻，他伤心得几乎精神崩溃。直到49岁，他先后经历了10次竞选失败，但是他倔强地继续尝试，直到52岁时，他当选了美国总统。

　　本田汽车的创始人本田，在他的传记中这样写道："我的人生是失败的连续"。

　　在实现自己的人生理想和事业目标的追求之路上，一定要想想自己是否拥有了巴尔扎克那样的一柄"精神手杖"。

每个人都可以获得自己的精彩
Everyone can live a wonderful life

圣严法师幼时家贫，甚至穷到连饭也吃不饱，但是几十年风风雨雨，他始终对生活充满希望。人生来平等，但所处的环境未必相同。不管自己处于怎样的起点，都应该一如既往地对生活抱以热情的微笑。

幼年的圣严法师，有一次与父亲在河边散步，一群鸭子在河中游来游去，自由畅快。他站在岸边，非常羡慕地看着这群与自己水中倒影嬉戏的鸭子。父亲停下脚步，问道："你从中看到了什么？"面对父亲的询问，他心中一动，却也不知道如何表达自己的想法。父亲说："大鸭游出大路，小鸭游出小路，同样，每个人都有自己的路可以走。"

每个人都有自己的路，即使起点不同、出身不同、家境不同、遭遇不同，也可以抵达同样的顶峰。艳阳高照也好，风雨兼程也罢，只要怀揣着抵达终点的希望，每个人都可以获得自己的精彩。

圣严法师

  佛学大师、教育家、佛教弘法大师、日本立正大学博士，也是禅宗曹洞宗的第五十代传人、临济宗的第五十七代传人、台湾法鼓山的创办人。2009年2月3日下午4时，圣严法师圆寂，享寿78岁。

  "船过水无痕，鸟飞不留影，成败得失都不会引起心情的波动，那就是自在解脱的大智能。"

凡是看得见未来的人，都能掌握现在
Prepare for the future by handling your present

在一个山谷里的断崖上，不知何时，长出了一株小小的百合。它刚诞生的时候，长得和野草一模一样，但是，它知道自己并不是一株野草。它内心深处，一直有一个念头："我是一株百合，不是一株野草。唯一能证明我是百合的方法，就是开出美丽的花朵。"它努力地吸收水分和阳光，深深地扎根，直直地挺着胸膛，对附近的杂草置之不理。

在野草和蜂蝶的鄙夷下，小百合努力地释放内心的能量。它说："我要开花，是因为知道自己有美丽的花；我要开花，是为了完成作为一株花的庄严使命；我要开花，是由于自己喜欢以花来证明自己的存在。不管你们怎样看我，我都要开花！"

终于，它开花了。它那灵性的白和秀挺的风姿，成为断崖上最美丽的风景。年年春天，百合努力地开花、结子，最后，这里被称为"百合谷地"。因为这里漫山都是洁白的百合。

暂时的落后一点都不可怕，自卑的心理才是最可怕的。人生的不如意、挫折和失败是一种考验，是一种学习，是一种财富。

在不断前进的人生中，凡是看得见未来的人，都能掌握现在，因为明天的方向他已经规划好了，知道自己的人生将走向何方。留住心中的希望种子，相信自己会有一个不可限量的未来，心存希望，任何艰难都不会成为我们的阻碍。只要怀抱希望，生命自然会充满激情与活力。

八月逝去 山峦清晰
河水平滑起伏
此刻才见天空
天空高过往日

有时我想过
八月之杯中安坐真正的诗人
仰视来去不定的云朵
也许我一辈子也不会将你看清
一只空杯子 装满了我撕碎的诗行
一只空杯子——可曾听见我的叫
喊！
一只空杯子内的父亲啊
内心的鞭子将我们绑在一起抽打

——海子《八月之杯》

Part 2

风雨后不一定有彩虹，
　　但至少会万里晴空

T h e r e   s h o u l d   b e   s u n s h i n e   a f t e r   r a i n

一直往前走

只要还有梦

就不怕没路走

用乐观的心态，看最美的风景
Optimism is the most important

　　有一位哲学家，当他是单身汉的时候，和几个朋友一起住在一间小屋里。尽管生活非常不便，但是，他总是很快乐。有人问他："那么多人挤在一起，连转个身都困难，这样的生活也能算是幸福吗？"哲学家说："朋友们在一块儿，随时都可以交换思想、交流感情，这难道不是一种幸福吗？"

　　过了一段时间，朋友们一个个相继成家了，先后搬了出去。屋子里只剩下了哲学家一个人，但是每天他仍然很快活。那人又问："你一个人孤孤单单的，这样的生活你还觉得幸福吗？""我有很多书啊！一本书就是一个老师。和这么多老师在一起，时时刻刻都可以向它们请教，这怎能不让人觉得幸福呢？"

　　几年后，哲学家也成了家，搬进了一座大楼里。这座大楼有七层，他的家在最底层。底层在这座楼里环境是最差的，上面老是往下面泼污水，丢死老鼠、破鞋子、臭袜子和杂七杂八的脏东西。那人见他还是一副自得其乐的样子，好奇地问："你住这样的房间，也感到幸福吗？""是呀！你不知道住一楼有多少妙处啊！比如，进

门就是家，不用爬很高的楼梯；搬东西方便，不必费很大的劲儿；朋友来访容易，用不着一层楼一层楼地去叩门询问……特别让我满意的是，可以在空地上养些花，种些菜。这些乐趣呀，数之不尽啊！"

后来，那人遇到哲学家的学生，问道："你的老师总是觉得自己很幸福，可我却感到，他每次所处的环境并不那么好呀。"学生笑着说："决定一个人幸福与否，不在于环境，而在于心境。"

我们每天都要经历不同的事情。随着事情的好坏，我们的心情会跟着起伏。于是，从表面上来看，是事情在影响着心情。但是，事情的存在是客观的，我们所谓的"好"与"坏"，不过是自己心里给事物下的定义。内心的判断决定了一个人的态度、心情和命运。

福由心生。我们的心灵就如同一块磁石。积极乐观的心灵，吸引过来的总是幸福和快乐；消极悲观的心灵，吸引过来的总是伤感和悲痛。幸运的人，命运的天平并不总是倾向于他，而是他在内心里不停地呼唤幸运，所以他最终获得了幸运；不幸的人，一遍又一遍地诅咒生活，本来并不悲惨的生活，却因为悲观的心灵而将生活弄得乱七八糟。

一路不是风景不美，而是心态决定一切。

那是不可错过的美景
Great Ocean Road

　　世界上最好的公路在德国，道路平整，设计完美。而世界上最美的公路，人们说，是大洋路。

　　大洋路位于墨尔本西部，在悬崖峭壁中间开辟出来，起点是托尔坎，终点是亚伦斯福特，全长276千米，沿途奇景迭出，世界上没有第二条路可以媲美。驾车奔驰在大洋路上，可说是一次又一次的惊奇之旅的大组合，沿途不到一公里就有一个绝景，耸立在海上的岩柱没有一块是相同的。夕阳斜照、群鸟飞舞，可能是许多人一辈子都见不到的美景。大洋路沿途的壮阔波澜和笔直绝壁是上帝的鬼斧神工。

1 十二门徒石

　　在坎贝尔港国家公园内的海岸线上坐落着经过几百万年的风化和海水侵蚀形成的12个断壁岩石。矗立在湛蓝的海洋中的独立礁石，形态各异，犹如人的面孔，称为"十二门徒石"。

2 洛克阿德大峡谷

洛克阿德号在此沉没，大峡谷由此命名。在这里可以近距离观赏峡谷的岩石景观，并可以顺着峡谷悬梯下到海边，漫步赏景。

3 伦敦断桥

从前这个岩石是突出海面与陆地连接的岬，由于海浪的侵蚀冲刷形成2个圆洞，正好成双拱形，所以起名为"伦敦桥"。在1990年1月15日的傍晚时分，与陆地连接的圆洞突然塌落，与大陆脱离形成现在看到的断桥。

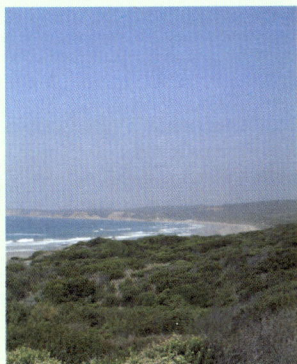

4 安格尔西野地

在大洋路这里一公顷的园地上，有162种当地特有植物。1983年2月安格尔西曾发生一起灾情惨重的大火，但是，几年之内，在原本是一片荒芜的焦土上，又恢复旧日生机，甚至连绝迹多时的植物也在大洋路园内重现人间。

于绝望中寻找希望

Hew is tone of hope, out of a mountain of despair

生命的长短想来总是有界限的，唯一没有界限的便是在这短暂的人生里，我们可以融进无穷的快乐。对于转瞬即逝的事物，与其念念不忘地萦绕于心，不如奋起直追，不浪费这不易的时光。

西娅在维伦公司担任高级主管，待遇优厚。很长一段时间，她都在为到底去什么地方度假而烦恼。但是情况很快就变得糟糕起来，为了应对激烈的竞争，公司开始裁员，而西娅则是被裁掉的一员。那一年，她43岁。

"我在学校一直表现不错！"她对好友墨菲说，"但没有哪一项特别突出。后来，我开始从事市场销售。在30岁的时候，我加入了那家大公司，担任高级主管。

"我以为一切都会很好，但在我43岁的时候，我失业了。那

感觉就像有人给了我的鼻子一拳。"她接着说，"简直糟糕透了。"

西娅似乎又回到了那段灰暗的日子，语气也沉重了许多。但是不久，她凭借自己的优势找到了工作，两年后，她已经拥有了自己的咨询公司。

"被裁员是一件糟糕的事情，但那绝对不是地狱。也许，对你自己来说，可能还是一个改变命运的机会，比如现在的我。重要的是如何看待，我记得那句名言：世界上没有失败，只有暂时的不成功。"西娅真诚地对墨菲说。

西娅就如同一个勇士一样，不管面对任何环境，即使是饱受痛苦的摧残，也能欢愉如常。这些人都能成为启迪我们精神的榜样，能够给我们的生活增添无限的力量，让我们透过那些痛苦，抓住快乐的光芒。

人的本性，不是在痛苦里绝望，而是要懂得在绝望里找到希望。

如果生命的春天重到，
古旧的凝冰都哗哗地解冻，
那时我会再看见灿烂的微笑，
再听见明朗的呼唤——这些迢遥的梦。

这些好东西都决不会消失，
因为一切好东西都永远存在，
它们只是像冰一样凝结，
而有一天会像花一样重开。

——戴望舒《偶成》

把自身塑造成它所选择的模样
Put itself as it chooses

　　无论是基督教还是佛教，都为人们许诺了一个理想的净土，在那里，有人们期待的一切快乐，同时避免了人们恐惧和烦恼等种种痛苦。这乐土是信仰之人的希望，为了这个彼岸的幸福，他们乐于在此生行善或者忍受。可是没有宗教信仰的人，他们的思想里没有任何关于"彼岸"或"来生"的承诺，因此他们要想获得精神上的愉悦，就只能在自我德行的修养和提升中得到满足。

　　如果在生活中有这样一个人，他具备高尚的品质和德行，可是他的德行并不是为了赢得别人的赞赏和长久的名声，也不期待这能够为他带来某些现实的利益，他只是对于自己品德高尚这一点而感到满足，不需要其他东西来填充自己的人生，那么他也一定能赢得人们的尊重。

　　一个灯塔守护人在一座孤岛上生活了将近40年。当他还是一个毛头小伙子时，就随着伯父来到了这座孤岛。白天，伯侄两人出海捕鱼；晚上，就燃起篝火，为过往的轮船引航。20年后，伯父死了，他就一个人守护着孤岛上的灯塔。

　　一个狂风暴雨的夜里，一艘客轮在灯塔的指引下，安全地停泊在孤岛避风处的港湾。船长上岸后，万分感激地对守塔人说："如果没有这座灯塔的指引，我这艘客船，还有满船的乘客，早就葬身海底了。作为感谢，我要带你离开这个地方，并且每月至少给你 2500 美元的薪水。"

　　守塔人笑着摇摇头。

　　船长大惑不解："难道你不想过安逸的生活吗？"

　　守塔人平静地说："想！但是这里就是我的岗位。10 年前遭遇风暴的船长和你一样，答应给我 3000 美元的薪水。可是假如我当时真的答应他，离开了这里，后来的那些船只，包括你的客船，今天还能获救吗？"

　　船长如梦方醒，激动而又惭愧地拥抱守塔人。

　　灯塔守护人在自己的岗位上拯救了一艘又一艘的航船，可是在面临现实的诱惑时，他只是忠于自己的思想，将自己的人生定位在为航船指引方向的位置上，这就是他不为外界所动，按照自身的想法塑造自己的崇高境界。

　　在生活中，我们每个人都可能有一个或者更多的心愿，当我们决定按照自己的心愿设计人生的时候，却要面对各种各样的诱惑，这个时候，就需要我们充分地了解自己的思想，忠于自己的思想，而不是见到了更好的事物，就忘记了自己的初衷。

心向美好的方向看齐
Head for a bright life

一样的事情，可以选择不同的态度对待。消极的想法产生消极的效果，积极的想法产生积极的效果。

鲁宾孙太太这样描述她的经历：

美国庆祝陆军在北非获胜的那一天，我接到国防部送来的一封电报，我的侄儿——我最爱的人在战场上失踪了。过了不久，又来了一封电报，说他已经死了。我悲伤得无以复加。

在那件事发生以前，我一直觉得生命非常美好，我有一份自己喜欢的工作，并努力带大了侄儿。在我看来，他代表着美好的一切。我觉得我以前的努力，都曾有很好的收获……然而收到了这些电报，我的整个世界都粉碎了，我觉得再也没有什么值得我活下去。

我悲恸欲绝，决定放弃工作，离开我的家乡，把自己藏在眼泪和悔恨之中。

就在我清理桌子、准备辞职的时候，突然看到一封我已经忘了的信，从我已经死了的侄儿那里寄来的信。是几年前我母亲去世的时候，他给我写来的一封信。

"当然我们都会想念她的，"那封信上说，"尤其是你。不过我知道你会撑过去的，以你个人对人生的看法，就能让你撑过

远也不会忘记你教我的那些美丽的真理：不论活在哪里，不论我们分离得多么远，我永远都会记得你教我要微笑，要像一个男子汉一样承受所发生的一切。"

　　我把那封信读了一遍又一遍，觉得他似乎就在我的身边，正在对我说话。他好像在对我说："你为什么不照你教给我的办法去做呢？撑下去，不论发生什么事情，把你个人的悲伤藏在微笑底下，继续过下去。"

　　于是，我重新开始工作。我不再对人冷淡无礼。我一再对自己说："事情到了这个地步，我没有能力改变它，不过我能够像他所希望的那样继续活下去。"

　　我把所有的思想和精力都在用工作上，我写信给前方的士兵——别人的儿子们。晚上，我参加成人教育班，寻找新的兴趣，结交新的朋友。朋友们都不敢相信发生在我身上的种种变化。我不再为那些已经永远过去的事悲伤，我现在每天的生活都充满了快乐，就像我侄儿要我做到的那样。

　　鲁宾孙太太讲完这些话，嘴角泛起一丝笑意。

　　选择积极的方面，并做出积极努力，就一定会看到前方的风景。

安妮·海瑟薇主演的《公主日记》，讲述的是纽约城里一个普普通通的女孩，其实是一个邻近小国的公主，在皇后奶奶的调教下，小女孩逐渐成长为真正的举止优雅的公主，最终选择承担一国之主的重任。

1 Courage is not theabsence of fear but rather the judgment that something else is more importantthan fear. The brave may not live forever but the cautious do not live at all.

勇气并不是没有恐惧，而是有比恐惧更重要的判断。勇敢的人不会长生不老，但是谨小慎微的人根本无法生存。

2 To be a princess,you have to believe that you are a princess. You've got to walk the way youthink a princess would walk. So, you gotta think tall you gotta smile and wave,and just have fun.

要想成为公主，你得相信自己就是一个公主。你应该像你所想象中的公主那般为人处世。另外，你得高瞻远瞩，从容不迫，笑对人生。

3 My expectation in life is to be invisible and I am good at it.

我只想隐身于人群中，而且这一点我很在行。

4 Because you saw me when I was invisible.

因为你在我隐形的时候也能看见我。

态度缔造人生
Attitude is everything

美国商业杂志《福布斯》创始人 B.C. 福布斯说："做一个一流的卡车司机，比做一个不入流的经理更为光荣，更有满足感。"

著名黑人领袖马丁·路德·金也曾说过，"如果一个人是清洁工，那么他就应该像米开朗琪罗绘画、像贝多芬谱曲、像莎士比亚写诗那样，以同样的心情来清扫街道。他的工作如此出色，以至于天空和大地的居民都会对他注目赞美：'瞧，这儿有一位伟大的清洁工，他的活儿干得真漂亮！'"

乔治在纽约郊外著名的卡瑞月湖度假村工作。一个周末，乔治正忙碌不堪时，服务生端着一个盘子走进厨房对他说，有位客人点了这道"油炸马铃薯"，他抱怨切得太厚。

乔治看了一下盘子，跟以往的油炸马铃薯并没有什么不同，但他仍按客人的要求将马铃薯切薄些，重做了一份请服务生送去。几分钟后，服务生端着盘子气呼呼地走回厨房，对乔治说："我想那位挑剔的客人一定是生意上遭遇困难，然后将气借着马铃薯发泄在我身上，他对我发了顿牢骚，还是嫌切得太厚。"

乔治在忙碌的厨房中也很生气，从没见过这样的客人！但他还是忍住气，静下心来，耐着性子将马铃薯切成更薄的片状，之后放入油锅中炸成诱人的金黄色，捞起放入盘子后，又在上面洒了些盐，然后第三次请服务生送过去。

不一会儿，服务生又端着盘子走进厨房，但这回盘子里空无一物。服务生对乔治说："客人满意极了。餐厅的其他客人也都赞不绝口，他们要再来几份。"

这道薄薄的油炸马铃薯从此成了乔治的招牌菜，后来他又将马铃薯片换成了香芋片，并发展成各种口味，今天这道油炸马铃薯已经是地球上不分地域、人种都喜爱的休闲食品了。

生活中，每一件事情对人生都具有十分重要的意义。日出日落、朝朝暮暮，是人生态度缔造起一个人的人生高度和宽度。

当你随手保持环境整洁时，当你友善微笑时，当你沉思行业焦点问题时，当你大声疾呼，奔走相告时。它们使你的胸怀变得更加开阔，思想的疆域更加宽广，使你与周围随波逐流、散漫度日的人区别开来。

了解了一个人的工作态度，在某种程度上就是了解了这个人，了解了这个人未来的发展前景。所谓江山易改，本性难移。那些看不起自己的工作、不认真工作、敷衍了事的人，永远无法理解，一种态度，将会缔造怎样的辉煌人生。

在这个世界上，没有卑微或高尚的工作，没有低贱或高贵的人生。

味蕾巡礼之舌尖上的世界美味
The best restaurant in the world

1 埃尔·采莱尔餐厅（西班牙吉罗纳）

埃尔·采莱尔餐厅是西班牙最引人注目的餐厅之一。这里有传统的加泰罗尼亚美食，注重"情感菜肴"，寓情于"美食"。

2 诺马餐厅（丹麦哥本哈根）

诺马餐厅坚持不用进口食材，只用丹麦和北欧时令新鲜食材制成日耳曼民族的菜肴。订位需提前至少三个月。

3 麦迪逊公园十一号（美国纽约）

这里的美食体验在纽约堪称一绝，独一无二。餐厅环境非常优雅。

4 DOM 餐厅（巴西圣保罗）

DOM 餐厅位于圣保罗中心地带。厨师烹饪的材料来自巴西各地，充满浓浓的巴西风情。

5 雷克餐厅（奥地利维也纳）

雷克餐厅是维也纳最著名的餐厅之一，位于城市公园的中心地带。这里的菜肴会用到一些已被人们遗忘的佐料，并且注重可持续性。

6 Narisawa 餐厅（日本东京）

日本名厨成泽由浩（Yoshihiro Narisawa）师从世界名厨候布匈与保尔博古兹门下。成泽成功地将法式烹饪技艺与日式料理美学完美地融合。

未来是现在的延伸
The future is an extension of present

有个年轻人，开了家杂货店。他卖的很多东西都比别人的便宜。于是就有人笑他，说："你卖的东西价格比别人低，还有什么赚头？反正大家卖的价格都差不多，和大家定价一样就行了。"年轻人却说："以后会有越来越多的人买我的东西的。"

这个年轻人就是沃尔玛的创始人。

口碑的重要性不言而喻，千万不能为了眼前的短暂利益而不顾公司长远的竞争力。

1950 年，丰田公司因破产危机，工业公司和销售公司发生分离。不久之后，朝鲜战争爆发，美军在丰田公司订了大批的卡车，丰田公司马上就能起死回生。

亲身体验了产销分离痛苦的丰田英二自然希望恢复以前产销一体的体制。但是事情并非那么简单，工业公司和销售公司分离的体制已经形成，当时负责技术部门的董事丰田英二，深知即使他提出重新合并的建议，在当时也是行不通的。丰田英二在确定丰田的未来发展方向时，决断很慢，这是因为丰田英二在深思熟虑、考察各种条件的同时，还要衡量各方面的利益是否均衡。他认为条件不成熟，即使勉强行事也会失败，他只有耐心地等待。

　　直到 20 世纪 80 年代初，丰田的两家公司结束了长达 32 年的产销分离状态，诞生了全新的丰田公司，丰田英二的等待终于有了丰硕的成果。

　　未来是现在的人创造出来的。

　　远见告诉我们可能会得到什么东西，远见召唤我们去行动。用我们那些积极的方面去影响别人，这正是我们最好的选择。

人生没有绝境
Life is not despair

　　企业家卡尔森原是一个身无分文的穷光蛋，但是即使在一种十分被动和不利的条件下，他依然能够顽强进取，积极寻找成功的机会。他这种积极的心态帮助了他，面对现状，他没有沮丧和气馁，而是力求向上，力求改变现状，这种心态终于使他创业成功。

　　有一次，卡尔森发现了一个商机。于是他借钱办了一个制造玩具沙漏的厂。时钟问世后，沙漏已完成它的历史使命，而卡尔森却把它作为一种古董来生产销售。本来，沙漏作为玩具，趣味性不多，孩子们自然不大喜欢它，因此销量很小。但卡尔森一时找不到其他比较适合的工作，只能继续干他的老本行。沙漏的需求量越来越小，卡尔森最后只得停产。

　　但他并不气馁，他完全相信自己能够克服眼前的困难，于是他决定先好好休息，轻松一下，他便每天都找些娱乐项目，看看棒球赛，读读书，听听音乐，或者领着妻子、孩子外出旅游，但他的头脑一刻也没有停止思考。

　　一天，卡尔森翻看一本讲赛马的书，书上说："马匹在现代社会里失去了它运输的功能，但是又以高娱乐价值的面目出现。"

　　在这不引人注目的两行字里，卡尔森好像听到了上帝的声音，高

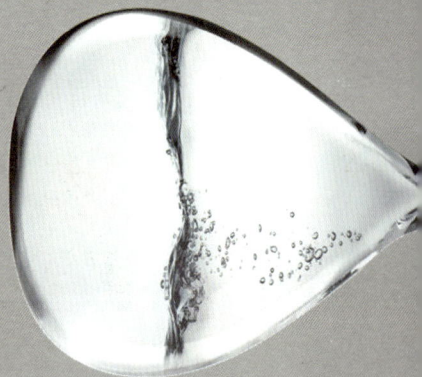

兴地跳了起来。他想："赛马骑用的马匹比运货的马匹值钱。是啊！我应该找出沙漏的新用途！"

就这样，从书中偶得的灵感，使卡尔森精神重新振奋起来，把心思又全都放到沙漏上。经过几天苦苦的思索，一个构思浮现在他的脑海：做个限时3分钟的沙漏，在3分钟内，沙漏里的沙子就会完全落到下面来，把它装在电话机旁，这样打长途电话时就不会超过3分钟，电话费就可以有效地控制了。

想好之后，他就开始动手制作。这个东西在设计上非常简单，把沙漏的两端嵌上一个精致的小木板，再接上一条铜链，然后用螺丝钉钉在电话机旁就行了。不打电话时还可以做装饰品，看它点点滴滴落下来，虽是微不足道的小玩意儿，却能调剂一下现代人紧张的生活。担心电话费支出的人很多，卡尔森的新沙漏可以有效地控制通话时间，售价又非常便宜。因此一上市，销量就很不错，平均每个月能售出3万个。这项创新使原本没有前途的沙漏转瞬间成为对生活有益的用品，销量成倍地增加，面临倒闭的小厂很快变成一个大企业。卡尔森也从一个即将破产的小业主摇身一变，成了富豪。

困境的存在与否，不是你能左右的，然而，对困境的回应方式与态度却完全操之在你。

你可能因内心痛苦而恶言恶行，也可以将痛苦转化为诗篇，而是此是彼，则有待于你来抉择。艰苦岁月中，你也许没有选择的余地，但是，你却可以决定自己怎样去面对这种岁月。

将心比心
Feel for others

在美国的一次经济大萧条中，90% 的中小企业都倒闭了，一个名叫丹娜的女人开的齿轮厂也是一落千丈。

丹娜为人宽厚善良，慷慨体贴，交了许多朋友，并与客户都保持着良好的关系。在这举步维艰的时刻，丹娜想要找那些朋友、老客户出出主意、帮帮忙，于是就写了很多信。可是，等信写好后才发现：自己连买邮票的钱都没有了！这同时也提醒了丹娜：自己没钱买邮票，别人的日子也好不到哪里去，怎么会舍得花钱买邮票给自己回信呢？可如果没有回信，谁又能帮助自己呢？

于是，丹娜把家里能卖的东西都卖了，用一部分钱买了一大堆邮票，开始向外寄信，还在每封信里附上 2 美元，作为回信的邮票钱，希望大家给予指导。她的朋友和客户收到信后，都大吃一惊，因为 2 美元远远超过了一张邮票的价钱。每个人都被感动了，他们回想起了丹娜平日的种种好处和善举。不久，丹娜就收到了订单，还有朋友来信说想要给她投资，一起做点什么。丹娜的生意很快有了起色。在这次经

济萧条中，她是为数不多的站住脚而且有所成的企业家之一。

沟通大师吉拉德说："当你认为别人的感受和你自己的一样重要时，才会出现融洽的气氛。"我们需要多从他人的角度考虑问题，如果对方觉得自己受到重视和赞赏，就会报以合作的态度。如果我们只强调自己的感受，别人就会和你对抗。

理解，是人生路上未语先香的"瑰丽宝贝"，总是那么温馨，那么暖人。理解对方，就需要我们进行换位思考。因为不了解对方的立场、感受及想法，我们就无法正确地思考与回应，沟通便被阻断。

怀着理解的心态，给对方一个微笑，给生活一个微笑，我们得到的也必然是微笑的回应和幸福的喜悦。

1 最早的自粘邮票——黑便士

1840 年，世界上最早的邮票"黑便士"在英国诞生。邮票原定于 1840 年 5 月 6 日正式启用，但有的城市竟于 5 月 2 日提前发售。现在全世界仅存两枚。近年，一枚"黑便士"以 500 万美元（约合人民币 3149 万元）的价格，被一名富商买走。

2 "美邮之王"——倒置的珍妮

"倒置的珍妮"每枚面值 24 美分，是美国 1918 年发行的第一枚航空邮票，在圈内有"美邮之王"称号。一联"倒置的珍妮"总身价为 300 万美元（约合人民币 1890 万元）。

3 存世孤品——英属圭亚那洋红色帆船邮票

英属圭亚那洋红色帆船邮票发行于 1856 年，是世界上最珍贵的邮票之一，现存世仅一枚。1980 年，英属圭亚那洋红色帆船邮票拍价高达 85 万美元（约合人民币 536 万元）。

4 疯狂的女王——加拿大"黑女王"

加拿大维多利亚女王头像邮票发行于 1851 年，是有名的世界珍邮之一，因票图以黑色印刷，被集邮者称为"黑女王"。2011 年，该邮票在纽约拍卖，一枚"黑女王"以 48.89 万美元（约合人民币 308 万元）成交。

5 好望角之谜——希望女神珍邮

好望角于 1853 年发行了第一套邮票，邮票呈正三角形，图案是"希望之神"。好望角珍邮存世量极少，国际著名的《吉本斯邮票目录》中，这种邮票单枚标价约 4 万美元（约合人民币 25 万元）。

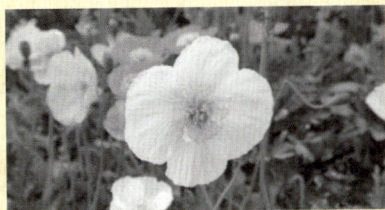

活在当下
Live in the moment

　　钟表王国瑞士有一座温特图尔钟表博物馆。在博物馆里的一些古钟上，都刻着这样一句话："如果你跟得上时间步伐，你就不会默默无闻。"

　　科尔和马克一起去医院看病，他们都是鼻子不舒服。在等待化验结果期间，科尔说如果是癌，就立即去旅行。马克也如此表示。

　　结果出来了，科尔得的是鼻癌，马克长的是鼻息肉，科尔留下了一张告别人生的计划表离开了医院，马克却住了下来，科尔的计划是：去一趟埃及和希腊，以金字塔为背影拍一张照片，在希腊参观一下苏格拉底雕像；读完莎士比亚的所有作品……

　　他在这生命的清单后面这样写道："我的一生有很多梦想，有的实现了，有的由于种种原因没有实现。现在上帝给我的时间不多了，为了不遗憾地离开这个世界，

我打算用生命的最后几年去实现剩下的愿望。"科尔辞掉了公司的职务，去了埃及和希腊。现在科尔正在实现他出一本书的夙愿。

有一天，马克在报上看到科尔写的一篇有关生命的散文，于是打电话去问科尔的病情。科尔说："我真的无法想象，要不是这场病，我的生命该是多么糟糕。是它提醒了我，去做自己想做的事，去实现自己想去实现的梦想。现在我才体味到什么是真正的生命和人生。你生活得也挺好吧？"

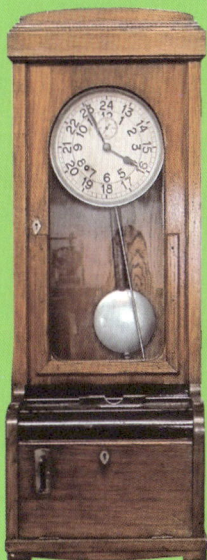

马克没有回答。他早把自己亲口说的去埃及和希腊的事抛到脑后去了。

当你得意或失意的时候，请站在生命的制高点上，叩问生死，思考人生。有了看透生死的勇气，才能顺应自然、重生乐生，选择超越自我的人生观，创造超越自我的人生价值。

1 百达翡丽 Patek Philippe

创立于 1839 年的百达翡丽是瑞士现存唯一一家完全由家族独立经营的钟表制造商，世界十大名表之首。训练一名百达翡丽制表师则需要 10 年时间。钟表爱好者贵族的标志是拥有一块百达翡丽表，高贵的艺术境界与昂贵的制作材料塑造了百达翡丽经久不衰的品牌效应。

2 江诗丹顿 Vacheron Constantin

始创于 1775 年的江诗丹顿已有 250 年历史，是世界上历史最悠久、延续时间最长的名表之一。江诗丹顿是世界最著名钟表品牌之一，创立于瑞士日内瓦。江诗丹顿传承了瑞士的传统制表精华，也创新了许多制表技术，对制表业有莫大的贡献。

3 爱彼 Audemars Piguet

爱彼，世界著名三大制表品牌之一。1875 年创立于瑞士侏罗山谷的布拉苏丝村庄，是当地的一家独立家族企业，也是世界最著名的表厂之一。爱彼传承并发扬着瑞士传统制表精粹，始终秉承"驾驭常规，铸就创新"的品牌理念。

4 宝玑 Breguet

宝玑（Breguet）多年来一直是瑞士钟表最重要的代名词。1747 年，宝玑在瑞士的纳沙泰出生，他大部分时间居于巴黎，一生中有无数伟大的发明，

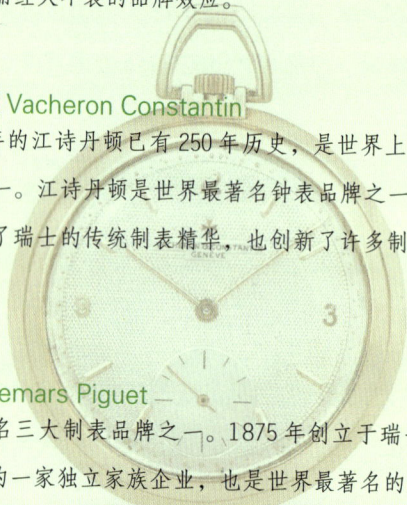

如改良自动表、发明自鸣钟用的鸣钟弹簧；以及避震装置，等等；而其新古典主义的简洁设计更予人惊喜。闻名遐迩的 Breguet No.5 号表款由宝玑本人在1794 年制作完成，只有少数王室成员，比如玛丽－安托瓦内特王后和奥尔良公爵拥有过这款表。

5 万国 IWC

瑞士万国表创立于 1868 年，制表已有 140 年历史，有"机械表专家"之称，每只万国腕表都要经历 28 次独立测试。如今，万国表在全球有 700 多个销售点，产品主要销往远东、瑞士和德国。

6 伯爵 Piaget

从 1874 年诞生以来，瑞士高级腕表制造商伯爵一直秉承"永远做得比要求的更好"的品牌精神，上世纪 60 年代以来，伯爵一边致力于复杂机芯的研究，一边发展顶级珠宝首饰的设计，将精湛工艺与无限创意融入每一件作品中，同时优先发展创意和对细节的追求，将腕表与珠宝的工艺完全融合在一起。

Part 3

没有在荆棘里碾过的人，
不足以谈人生

不曾哭过长夜的人，

不足以语人生。

用挫折丈量生命的宽度

Use setbacks to measure the width of life

    生命是一次次蜕变的过程。唯有经历各种各样的折磨，才能拓展生命的宽度。通过一次又一次与各种折磨握手，历经反反复复的较量，人生的阅历就在这个过程中日积月累、不断丰富。

    在人生的岔道口面前，若你选择了一条平坦的大道，你可能会拥有一个舒适而享乐的青春，但你可能失去一个很好的历练机会；若你选择了坎坷的小路，你的青春也许会充满痛苦，但人生的真谛也许就此被你打开。

    蝴蝶的蛹是在一个洞口极其狭小的茧中度过的。当它的生命要发生质的飞跃时，这个天定的狭小的通道对它来讲无疑成了"鬼门关"，那娇嫩的身躯必须竭尽全力才可以破茧而出。许多蛹在往外冲杀的时候力竭身亡，不幸成了飞翔的悲壮祭品。

    有人怀了悲悯恻隐之心，企图将那蛹的生命通道修得宽阔一些。

他们用剪刀把茧的洞口剪大，这样一来，所有受到帮助而见到天日的蝴蝶都不是真正的精灵——它们无论如何也飞不起来，只能拖着丧失了飞翔功能的双翅在地上笨拙地爬行！

原来，那"鬼门关"般的狭小茧洞恰恰是帮助蝴蝶两翼成长的关键所在。穿越的时候，通过用力挤压，血液才能被顺利输送到蝶翼的组织中去；唯有两翼充血，蝴蝶才能振翅飞翔。人为地将茧洞剪大，蝴蝶的双翅就没有了充血的机会，爬出来的蝴蝶便永远与飞翔绝缘。

人成长的过程恰似蝴蝶的破茧过程，在痛苦的挣扎中，意志得到磨炼，力量得到加强，心智得到提高，生命在痛苦中得到升华。当你从痛苦中走出来时，就会发现，你已经拥有了飞翔的力量。如果你没有经受挫折，也许你就会像那些受到"帮助"的蝴蝶一样，萎缩了双翼，平庸一生。

1 世上最美——光明女神蝶

　　光明女神蝶是秘鲁国蝶,曾经数量极少,十分珍贵。体态婀娜,展翅如孔雀开屏,而且蝶翅还会发光变色,双翅上的白色纹脉就像镶嵌上去的珠宝,光彩熠熠。"光明女神蝶"生活在亚马孙河流域,如今基本绝迹,标本每只价值 36 万元。

2 蓝钻石——塞浦路斯闪蝶

　　塞浦路斯闪蝶翅膀上的色彩如蓝钻石一般,闪硕着耀眼的光泽,璀璨夺目;又称为"蓝色多瑙河蝶",形容蝴蝶翅膀宛如蓝色的多瑙河,在蔚蓝的河面上,粼波荡漾,波光闪烁,色彩与花纹美丽而梦幻。塞浦路斯闪蝶是世界上公认的最漂亮的蝴蝶之一,所以,人们常常将它比作美神。

3 绝版之美——夜明珠蝶

在整个夜明珠蝶翅面淡淡的乳白色背景下，放着荧光，从翅面可看到翅背的花纹。通翅薄如绢，珍珠般的亮丽光泽，光芒四射，像一颗夜明珠一样美丽。

4 华丽珍宝——尖翅蓝闪蝶

尖翅蓝闪蝶大型华丽，当光线照射到翅膀上时，会产生折射、反射和绕射等物理现象，在光学作用下产生了彩虹般的绚丽色彩。尖翅蓝闪蝶多在新热带界的热带雨林出没。

加倍的磨难带来加倍的收获

Double tribulation brings double harvest

　　人生之中，难免会经历这样或那样的波折。面对磨难，愤恨、抱怨，抱怨并不能让我们得到解脱，反而，以豁达之心面对，在痛苦中磨砺自我，如此，我们将有加倍的收获。

　　曼德拉因为领导反对白人种族隔离的政策而入狱，白人统治者把他关在荒凉的大西洋小岛罗本岛上 27 年。当时曼德拉年事已高，但白人统治者依然像对待年轻犯人一样对他进行残酷的虐待。

　　罗本岛上布满岩石，到处是海豹、蛇和其他动物。曼德拉被关在总集中营一个"锌皮房"里，白天打石头，将采石场的大石块碎成石料。他有时要下到冰冷的海水里捞海带，有时干采石灰的活儿——每天早晨排队到采石场，然后被解开脚镣，在一个很大的石灰石场里，用尖镐和铁锹挖石灰石。因为曼德拉是要犯，看管他的看守就有 3 人。他们对他并不友好，总是寻找各种理由虐待他。

谁也没有想到，1991 年曼德拉出狱当选总统以后，他在就职典礼上的举动震惊了整个世界。

总统就职仪式开始后，曼德拉起身致辞，欢迎来宾。他依次介绍了来自世界各国的政要，然后他说，能接待这么多尊贵的客人，他深感荣幸，但他最高兴的是，当初在罗本岛监狱看守他的 3 名狱警也能到场。随即他邀请他们起身，并把他们介绍给大家。

曼德拉的博大胸襟和宽容精神，令那些残酷虐待他 27 年的白人汗颜，也让所有到场的人肃然起敬。看着年迈的曼德拉缓缓站起，恭敬地向 3 个曾关押他的看守致敬，在场的所有来宾以至整个世界，都静下来了。

后来，曼德拉向朋友们解释说，自己年轻时性子很急，脾气暴躁，正是狱中生活使他学会了控制情绪，因此才活了下来。牢狱岁月给了他时间与激励，也使他学会了如何处理自己遭遇的痛苦。他说，感恩与宽容常常源自痛苦与磨难，必须通过极强的毅力来训练。获释当天，他的心情平静："当我迈出通往自由的监狱大门时，我已经清楚，自己若不能把悲痛与怨恨留在身后，那么我其实仍在狱中。"

在人生的岁月里，起伏不定常常带给人们不安全感。所以，人们常常抱怨磨难，抱怨那些让我们的生活变得艰苦的事情，抱怨那些让我们的内心承受煎熬的经历。

可是，人们在抱怨的时候并没有想到，人们最出色的成绩往往是在挫折中做出的，人们最可贵的品质往往是在挫折中历练来的。

只要我们内心足够自信与强大，生命就能屹立不倒。

逆境磨炼人生
The school of hard knocks in life

　　1929 年，乔·吉拉德出生在美国一个贫民家庭。他从懂事起就开始擦皮鞋、做报童，然后又做过洗碗工、送货员、电炉装配工和住宅建筑承包商，等等。

　　35 岁以前，他只能算是一个失败者，朋友都弃他而去，他还欠了一身的外债，连妻子、孩子的生活都成了问题，同时他还患有严重的语言缺陷——口吃，换了 40 多份工作仍然一事无成。为了养家糊口，他开始卖汽车，步入推销员行列。

　　刚刚接触推销时，他反复对自己说："你认为自己行，就一定行。"他相信自己一定能做得到，以极大的专注和热情投入推销工作中，只要一碰到人，他就把名片递过去，不管是在街上还是在商店里。他抓住一切机会推销他的产品，同时也推销他自己。

　　三年以后，他成为全世界最伟大的销售员。谁能想到，这样一个不被人看好，而且还背了一身债务、几乎走投无路的人，竟然能够在短短的三年内被吉尼斯世界纪录称为"世界上最伟大的推销员"。

他至今还保持着销售昂贵产品的空前纪录——平均每天卖6辆汽车!他一直被欧美商界称为"能向任何人推销出任何商品"的传奇人物。

　　即使只是阳光下一粒小小的尘埃,也可以拥有最美丽的飞翔姿态。所以,请不要自怨自艾,更不要感叹自己的渺小和不为人知,因为只要你努力,终有一天,你可以用自己的力量感动这个庞大的世界。

若你也喜欢海滩
If you love the beach

1 塞舌尔

　　塞舌尔是一个岛国,相比马尔代夫,它更纯粹和自然,没有过度开发的痕迹,去游玩的人相比其他海岛要少得多,在这里可以静静地欣赏更美的沙滩和更丰富的海景。淡粉色的沙滩围绕着整个拉迪格岛,这里是印度洋上最美丽的海滩之一。在高耸的花岗岩巨石的背景下,沙粒在阳光的照射下散发着耀眼的光泽。

2 马尔代夫

无论你的梦想是在海滩养尊处优地过个悠然假期，或是投入海底做一条快活的鱼儿，还是潜入水下与海洋中的热带鱼亲密接触，马尔代夫都会将你的梦想——实现。 在印度洋的马尔代夫，荧光海滩被赋予了一种不一样的含义，浪漫的情侣们在这里演绎了许多动人的爱情故事，不知什么时候开始，人们开始将这片发光海滩称为"蓝眼泪"。

3 塔希提岛

塔希提岛，又称为大溪地，是南太平洋中部法属波利尼西亚群岛中向风群岛的最大岛屿。这里四季温暖如春、物产丰富。衣食无忧的人们常常无所事事地望着大海远处凝思，静待日落天亮。阳光跟着太平洋上吹来的风一同到来，海水的颜色也由幽深到清亮，这里被视为海岛旅行的终极梦想地。

4 夏威夷

夏威夷风景最优美的Lanikai海滩，因为海岸附近珊瑚礁的保护，所以这里也是冲浪爱好者的天堂。水面如镜，细细的沙滩仿佛婴儿的爽身粉，不远处的水面上，两座鸟类栖息的小岛恰似水中伊人。此情此景，如梦如幻。

苦难是化了装的幸福
Suffering is the happiness in disguise

荣膺"世界十大知名美容女士""国际美容教母"称号的香港蒙妮坦集团董事长郑明明在谈起自己的成功时，说这要得益于父亲的"不倒翁理论"："我父亲很爱玩不倒翁，他说，奋斗的过程，会不断碰到一大堆困难，只要像不倒翁一样不断站起，理想就会实现。"也正是这样一种信念激励着她在悲观失望的时候，能够勇敢地站起来，重新开始。

1973 年，郑明明经历了事业上的一次重大挫折。当时，她的"贵夫人"化妆品已经在印尼打开了市场。就在雅加达分支机构即将开张时，一场大火将存放化妆品的仓库毁于一旦，她因此耗光了老本还欠了银行一屁股的债。那时，郑明明觉得上天太不公平了！她不仅两手空空，脑海里也似乎空荡荡的了。她在床上躺了两天，不吃也不喝。就在她极度悲观的时候，她想起了父亲的"不倒翁理论"。她思来想去，没有别的办法，也没有别的路可走，只有依靠自己的双手重新创造一切，把失去的一切再补回来。

事后整整一年，郑明明在香港的店里，带领大家埋头苦干，白天做生意，晚上教学生，谢绝一切应酬，一切从简，每天只限一个半小时处理私事，其余除了吃饭、睡觉全部花在工作上。在一次又一次克服困难之后，她理解了苦难的意义。一年以后，她终于还清了银行贷款，手上逐渐有了积蓄，阳光驱散了阴影。

没有谁能够真正一帆风顺。挫折似乎是人生必备的大餐，经历过挫折的人才会成长。人生其实没有弯路，正是挫折教会我们如何寻找经验与教训。只有历经折磨，才能够历练出成熟与美丽，历经挫折洗礼，生命的花朵反而更娇艳动人。

不要性急地跑在失败前面
Don't rush to run in front of the failure

生活里，很多人害怕面对失败，所以在还没有失败时，自己就先放弃了。这样的人注定会一事无成。

1510 年，帕里斯出生在法国南部，他一直从事玻璃制造业，直到有一天看到一只精美绝伦的意大利彩陶茶杯。这一下改变了他一生的命运。"我也要造出这样美丽的彩陶。"这是他当时唯一的信念。

他建起炉窑，买来陶罐，打成碎片，开始摸索着进行烧制。几年下来，碎陶片堆得像小山一样，可他心目中的彩陶却仍不见踪影，他甚至无米下锅了。他只得回去重操旧业，挣钱来生活。赚了一笔钱后，他又烧了三年，碎陶片又在砖炉旁堆成了山，可仍然没有结果。

以后连续几年，他挣钱买燃料和其他材料，不断地试验，都没有成功。长期的失败使人们对他产生了看法。都说他愚蠢，是个大傻瓜，连家里人也开始埋怨他。他只是默默承受。

　　然而，当久盼不至的渴望换来的永远是一次又一次惨烈的失败时，帕里斯终于感受到了巨大的打击。他独自一人到田野里漫无目的地走着，不知走了多长时间，优美的大自然终于使他恢复了心里的平静，他平静地又开始了下一次试验。

　　经过16年无数次的艰辛历程，他终于成功了，而这一刻，他却一片平静。他的作品成了稀世珍宝，价值连城，艺术家们争相收藏。他烧制的彩陶瓦，至今仍在法国的卢浮宫上闪耀着光芒。

　　在这个世界上，有阳光，就必定有乌云；有晴天，就必定有风雨。从乌云中解脱出来的阳光比以前更加灿烂，经历过风雨的洗礼天空才能更加湛蓝。困难和坎坷是人生的馈赠，它能使我们的思想更清醒、更深刻、更成熟、更完美。

　　所以，不要性急地在失败之前就放弃，更不要害怕失败，在失败面前，只有永不言弃者才能傲然面对一切。

乘着普罗旺斯的阳光，寻找那美丽的彩陶
Moustier–Sainte–Marie

　　陶瓷小镇穆思捷·圣·玛丽村被称为法国的景德镇。整个小镇非常精美，面朝圣十字湖。陶瓷小镇建在一座石灰岩的山坡上。17-18世纪，这里出产一种白色的彩釉陶器，它设计精美，在白色的底上绘上飞禽走兽和风景，曾经风靡欧洲200年，最后却败给了英国瓷。现在这门手艺又开始复苏，在小镇上你能买到这种陶器做的各种物品。

哦哦，明与暗，同是一样的浮云。

我守看着那一切的暗云……

被亚坡罗的雄光驱除干净！

是凯旋的鼓吹呵，四野的鸡声！

——郭沫若《日出》

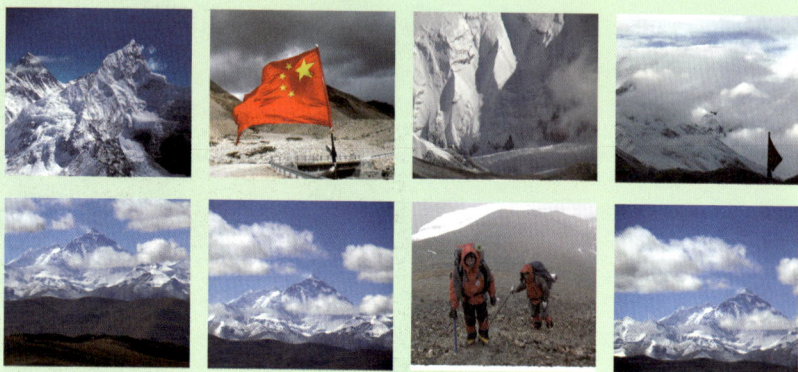

从头也能再次来过
All over again

　　看一个人是否成功，我们不能看他成功的时候或开心的时候怎么过，而要看其在不顺利的时候，在没有鲜花和掌声的落寞日子里怎么过。

　　在中国商界，史玉柱代表着一种分水岭。他曾经是 20 世纪 90 年代最炙手可热的商界风云人物，他通过销售巨人汉卡迅速赚取超过亿元的资本，凭此赢得了巨人集团所在地珠海市第二届科技进步特殊贡献奖。那时的史玉柱事业达到了顶峰，自信心极度膨胀。也就是那年，史玉柱做了一个错误的决定：要在珠海建一座巨人大厦。大厦最开始是 18 层，但史玉柱的手在一次又一次地跟中央高层握过之后，层数节节攀升，一直飙到 72 层。后果不言而喻。他曾经在最后的关头四处奔走寻觅资金，但"所有的谈判都失败了。"他，因为自己的张狂而一赌成恨，血本无归。

　　下了很大的决心后，史玉柱决定和自己的 3 个部下爬一次珠穆朗

玛峰，那个他一直想去的地方。

　　"当时雇一个导游要 800 元，为了省钱，我们 4 个人什么也不知道就那么往前冲了。"1997 年 8 月，史玉柱一行 4 人从珠峰 5300 米的地方往上爬。要下山的时候，四人身上的氧气用完了。走一会儿就得歇一会儿。后来，又无法在冰川里找到下山的路。"那时候觉得天就要黑了，在零下二三十摄氏度的冰川里，如果等到明天天黑肯定要冻死。"

　　许多年后，史玉柱把这次的珠峰之行定义为自己的"寻路之旅"。之前的他张狂、自傲带有几分赌徒似的投机秉性。33 岁那年刚进入《福布斯》评选的中国大陆富豪榜前十名，两年之后，就负债 2.5 亿，成为"中国首负"，自诩是"著名的失败者"。珠峰之行结束之后，他沉静、反思，整个变了一个人。

　　他决心从头再来，此时，史玉柱身体里"坚强"的秉性体现了出来。这次事业的起点是保健品脑白金。因为之前的巨人大厦事件，全国上下已经没有几个人看好史玉柱。他再次的创业只是被更多的人看作赌徒的又一次疯狂。但脑白金一经推出，就迅速风靡全国，到 2000 年，月销售额达到 1 亿元，利润达到 4500 万。自此，巨人集团奇迹般地复活了。虽然史玉柱还是遭到全国上下诸多非议，但不争的事实却是，史玉柱曾经的辉煌确实慢慢回来了。

赚到钱后，他没想为自己谋多少私利，他做的第一件事就是还钱。这一举动，再次使其成为众人的焦点。因为几乎没有人能够想到史玉柱有翻身的一天，更没想到这个曾经输得一贫如洗的人能够还钱。但他确实做到了。

认识史玉柱的人，总说这些年他变化太大。怎么能没有变化呢？一个经历了大起大落的人，内心总难免泛起些波澜。而对于史玉柱，改变最多的，大概是心态和性格。几番沉浮，很少有人再看到他像早些年那样狂热、亢奋、浮躁，更多的是沉稳、坚韧和执着。即使是十分危急的关头，他也是一副胸有成竹、不慌不忙的样子。

回想自己早年的失败时，史玉柱曾特意指出，巨人大厦"死"掉的那一刻，他的内心极其平静。而现在，身价百亿的他也同样把平静作为自己的常态。只是，这已是两种不同的境界。前者的平静大概像一潭死水，后者则是波涛过后的风平浪静。起起伏伏，沉沉落落，有些人生就是在这样的过程中变得强大和不可战胜。

在前进的道路上，如果我们因为一时的困难就将梦想搁浅，那梦想永远只能是梦想。人生难免有低谷的时候，在这样的时刻，我们需要的就是忍受寂寞，默默付出，相信生活一定会给你丰厚的回报。

Part 4

未来的你一定会感谢
现在这个拼命的自己

You will appreciate your efforts today

我希望，不管发生什么事，

都不要忘记现在的勇敢，

一定要当一个世界上最幸福最快乐的人。

此时此刻，就是最年轻最有希望的一刻
It's the youngest and most promising moment

    闻名于世的摩西奶奶是美国弗吉尼亚州的一位农妇，76 岁时因关节炎放弃农活，这时她又给了自己一个新的人生方向，开始了她梦寐以求的绘画。80 岁时，到纽约举办画展，引起了意外的轰动。她活了101 岁，一生留下绘画作品 600 余幅，在生命的最后一年还画了 40 多幅。

    不仅如此，摩西奶奶的行动也影响到了日本大作家渡边淳一。渡边淳一从小就喜欢文学，可是大学毕业后，他一直在一家医院里工作，这让他感到很别扭。马上就 30 岁了，他不知该不该放弃那份令人讨厌却收入稳定的职业，以便从事自己喜欢的写作。于是他给耳闻已久的摩西奶奶写了一封信，希望得到她的指点。摩西奶奶很感兴趣，当即给他寄了一张明信片，她在上面写下这么一句话：做你喜欢做的事，上帝会高兴地帮你打开成功之门，哪怕你现在已经 80 岁了。

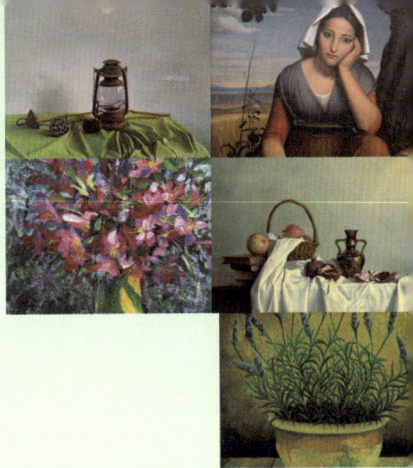

80 岁的年纪，无论对于谁来说，恐怕都有着耄耋之年对于岁月流逝的恐慌，对于死亡的预知，生出一种无力感吧。然而摩西奶奶却以80 岁高龄，在年年饱受关节炎之苦的同时，以农民之躯给了自己一个新的未来，这怎么不让人慨叹？！

　　人生是一段旅程，找到人生方向的人是最快乐的人，他们在每日体验极致的努力，收获极致的生活，他们的生活是与他们所向往的人生方向相一致的，对人生方向的追求使他们的生命更加有意义。

　　与其趋之若鹜地奔波在世俗的世界里，在时光飞逝中苍老衰败，毫无生气，何不寻找自己的方向，从容前行，从容成长，从容收获，一生不悔呢？

心灵越纯净，力量越强大
The more pure your soul is, the stronger you will be

世界上有两种人，一种人像水一样，随着地势的起伏改变着自己的形态，另一种人则像水晶，内心晶莹透澈，却锐利坚硬。第一种人只能让自己随着世界变化，而第二种人则会让世界因自己而改变。

有一个 6 岁的加拿大男孩，曾经用一颗单纯的心改变了世界。他曾被评选为"北美洲十大少年英雄"，甚至被人称为"加拿大的灵魂"，他就是曾经接受过加拿大国家荣誉勋章的瑞恩·希里杰克。

1998 年，6 岁的瑞恩第一次听说在非洲有很多孩子因为喝不上干净的水而死去，于是，为非洲的孩子捐献一口井成了他的梦想。那天他回到家里，向妈妈要 70 加元时，妈妈告诉他："你可以通过自己的劳动凑齐这一笔钱，比如打扫房间、清理垃圾，我会给你报酬。"瑞恩迟疑了一下，最终答应了。于是，他开始通过自己的劳动挣钱。

瑞恩得到的第一个任务是吸地毯，干了两个多小时后他得到了两块钱的报酬。几天之后，当全家人去看电影时，瑞恩一个人留在家里擦了两个小时窗子，赚到第二个两块钱。全家人都以为瑞恩不过是心血来潮，他却坚持了下来。

四个月后，当瑞恩把辛苦积攒的钱交给有关组织时却得知，70 元只够买一个水泵，挖一口井实际需要 2000 加元，他并没有放弃，反而更加卖力了，因为他只有一个想法，就是要尽自己的能力让更多非洲

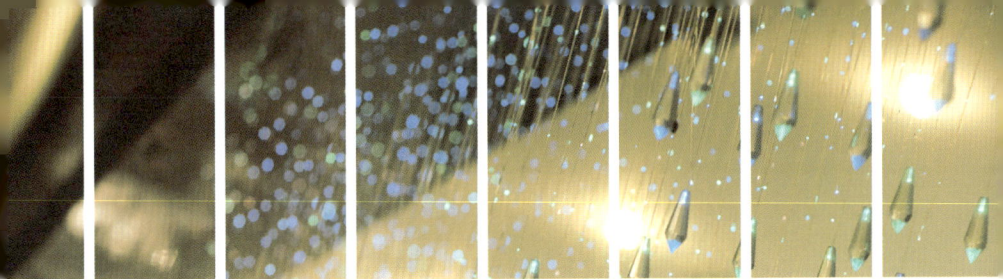

的小朋友喝到水。

渐渐地，大家都知道了瑞恩的这个梦想。于是爷爷雇他去捡松果；暴风雪过后，邻居们请他去帮忙捡落下的树枝；瑞恩考试得了好成绩，爸爸给了他奖励；瑞恩从那时起不再买玩具……所有这些钱，都被瑞恩放进了那个存钱的旧饼干盒里。

后来，他的故事被媒体报道了，他的名字传遍了整个国家。一个月后，在他家的邮筒里出现了一封陌生的来信，里面有一张30万元的支票，还有一张便条："但愿我可以为你和非洲的孩子们做得更多。"如果你以为这是故事的结尾，那就错了，因为这只是事情的开始。接下来，在不到两个月的时间里，又有上千万元的汇款支持瑞恩的梦想。

2001年3月，"瑞恩的井"基金会正式成立。瑞恩的梦想成为千万人参加的一项事业。

事后有人问瑞恩："你为什么要这样做呢？"

瑞恩说："没有为什么，我只是想让他们喝到干净的水。"

强大的凝聚力与美好心灵如影随形，一个人只要具有一颗质朴而美丽的心灵，那么他必然具有强大的人格魅力，这种影响力会像影子一样，一生追随着他。

心灵纯净的人，往往是精神潜能真正觉醒的人。他们那些美好的梦想和执着的信念具有强大的感召力，所以能四两拨千斤般创造奇迹。他们强大的影响力与单纯的个人魅力常常形成一种怪异的对比，那天真烂漫的生活和无忧无虑的心态使他们宛若孩童，但思想的感染力和举手投足间的伟人风范却令人心生艳羡。

那一抹倾国的微笑——蒙娜丽莎
Mona Lisa

　　《蒙娜丽莎》是一幅享有盛誉的肖像画杰作，是文艺复兴时代画家列奥纳多·达·芬奇所绘的丽莎·乔宫多的肖像画。它代表达·芬奇的最高艺术成就，成功地塑造了资本主义上升时期一位城市有产阶级的妇女形象。画中人物坐姿优雅，笑容微妙，背景山水幽深茫茫，淋漓尽致地发挥了画家那奇特的烟雾状"无界渐变着色法"般的笔法。画家力图使人物的丰富内心感情和美丽的外形达到巧妙的结合，对于人像面容中眼角唇边等表露感情的关键部位，也特别着重掌握精确与含蓄的辩证关系，达到神韵之境，从而使蒙娜丽莎的微笑具有一种神秘莫测的千古奇韵，那如梦的妩媚微笑，被不少美术史家称为"神秘的微笑"。法国政府把它保存在巴黎的卢浮宫供公众欣赏。

无论何时，借口都只是借口

Whenever, excuses are just excuses

“没有任何借口”是美国西点军校奉行的最重要的行为准则。它强调的是，要为成功找理由，不为失败找借口。一个人做任何事，如果出现了差池，只要他愿意，总能找到完美的借口，但借口和成功却不在同一屋檐下。

美国西点军校有一个久远的传统，遇到学长或长官问话，新生只能有四种回答：

“报告长官，是！”

“报告长官，不是！”

“报告长官，没有任何借口。”

“报告长官，不知道。”

除此之外，不能多说一个字。比如长官问：“你认为你的皮鞋这样就算擦亮了吗？”新学员的第一个反应肯定是为自己辩解：“报告长官，刚才排队时有人不小心踩到了我。”

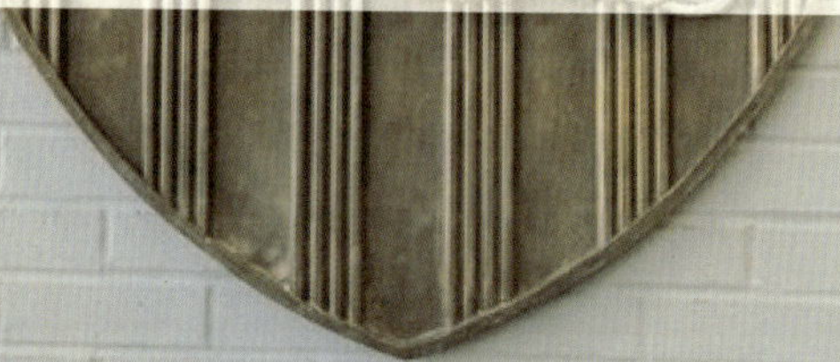

但是这种下意识的辩解并不在四个"标准答案"里，是不能令长官满意的，学员只能回答："报告长官，不是。"

　　长官又问："为什么没有擦亮？"

　　学员没有任何选择，只能正视着长官的眼睛，回答说："报告长官，没有任何借口。"然后接受惩罚。

　　正是因为西点军校奉行的卓绝的执行力准则，其被誉为世界"四大军校"之一，在其二百多年的历程中，培养了众多的美国军事人才，其中有 3700 人成为将军。除此之外，西点军校还为美国培养和造就了众多的政治家、企业家、教育家和科学家。

　　一个明智的人，不会用理由来说明事情为什么没有办成，而是会接受结果，没有任何借口，经自省后在下一次做到极致。

四大军校巡礼
Four military academies

在世界军事史上，法国的圣西尔军校与美国西点军校、英国桑赫斯特皇家军事学院以及俄罗斯的伏龙芝军事学院并称"四大军校"。

1 法国圣西尔军校

法国圣西尔陆军军官学校又称圣西尔军事专科学校，法国最重要的军校。该校由拿破仑始创于1803年，是法国最早的培养步兵和骑兵军官的职业军事教育院校，现在则成为整个陆军的任命前教育机构。

2 西点军校

美国军事学院，又称西点军校，是美国陆军的军事学院，曾经也是陆军的军事堡垒。该校位于纽约北部哈德逊河西岸的橙县西点镇，故又被称作"西点军校"，距离纽约市约80公里，占地16000英亩（约6500公亩）。

3 桑赫斯特皇家军事学院

桑赫斯特皇家军事学院，是英国培养初级军官的一所重点院校，也是世界训练陆军军官的老牌和名牌院校之一。桑赫斯特皇家军事学院位于伦敦市西48公里处的伦敦路北侧，占地面积3.54平方公里，合875英亩。桑赫斯特校园的建筑群及其装饰品、陈列品，犹如一座古今结合的军事博物馆。

4 伏龙芝军事学院

伏龙芝军事学院是苏联武装力量培养诸兵种合成军队军官的高等军事学校；研究诸兵种合同战斗和集团军战役问题的科研中心。校址在莫斯科。该学院现已并入俄罗斯联邦武装力量诸兵种合成学院，但俄国人还是习惯称之为伏龙芝军事学院。

改变人生只能靠自己

People only can rely their own

　　某人在屋檐下躲雨，看见观音正撑伞走过。这人说："观音菩萨，普度一下众生吧，带我一段如何？"观音说："我在雨里，你在檐下，而檐下无雨，你不需要我度。"这人立刻跳出檐下，站在雨中："现在我也在雨中了，该度我了吧？"观音说："你在雨中，我也在雨中，我不被淋，因为有伞；你被雨淋，因为无伞。所以不是我度自己，而是伞度我。你要想度，不必找我，请自找伞去！"说完便走了。

　　第二天，这人遇到了难事，便去寺庙里求观音。走进庙里，才发现观音的像前也有一个人在拜，那个人长得和观音一模一样，丝毫不差。这人问："你是观音吗？"那人答道："我正是观音。"这人又问："那你为何还拜自己？"观音笑道："我也遇到了难事，但我知道，求人不如求己。"

《塔木德》教导人们："要救赎自己。"这种救赎不能靠别人，必须由自己来完成。生活只能靠自己去选择和创造，旁人都只是旁观者。

　　面对看似的绝境，当外力全部撤出时，改变人生只能靠我们自己。只有将命运之舟紧紧地掌握在自己的手中，才能使它准确地驶向成功的彼岸。

1 *The Catcher in the Rye*, J.D.Salinger 《麦田里的守望者》，
J.D. 塞林格

故事局限于16岁的中学生霍尔顿·考尔菲德从离开学校到纽约游荡的三
天时间内，借鉴了意识流天马行空的写作方法，充分探索了一个十几岁少年的
内心世界。

2 *To Kill a Mockingbird*, Harper 《杀死一只知更鸟》，哈珀·李
讲述了芬奇的祖先——康沃尔卫理公会的西门·芬奇，为了逃脱英格兰的
宗教迫害，定居在阿拉巴马，致富并违背教义买了奴隶的故事。

3 *A Tale Of Two Cities*, Charles Dickens 《双城记》，查尔斯·
狄更斯

《双城记》以法国大革命为背景，情节感人肺腑，是世界文学经典名著之一，
故事中将巴黎、伦敦两个大城市联结起来，围绕着曼奈特医生一家和以德法奇
夫妇为首的圣安东尼区展开故事。

4 *The Thorn Birds*, Colleen McCullough 《荆棘鸟》，考琳·麦
考洛

《荆棘鸟》是一部家世小说，以女主人公梅吉和神父拉尔夫的爱情纠葛为
主线，描写了克利里一家三代人的故事，时间跨度长达半个多世纪。

The Catcher in the Rye
麦田里的守望者
〔美〕 J.D.塞林格 著 孙仲旭 译

杀死一只知更鸟
TO KILL A MOCKINGBIRD
纪念版
〔美〕哈珀·李 著 高红梅 译

1961 年获普利策小说奖
入选《时代》周刊 1923—2005 百佳小说
入选美国国会图书馆评选的
88 部"塑造美国的图书"
美国图书馆馆列举最爱的书 英国青少年最喜爱的小说之一

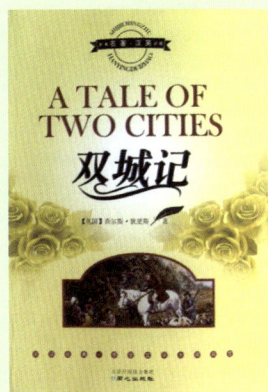

A TALE OF
TWO CITIES
双城记
〔英〕查尔斯·狄更斯 著

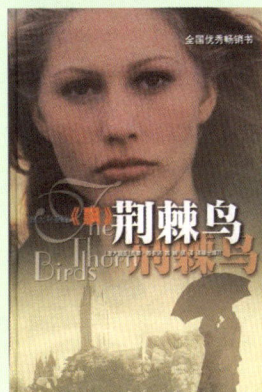

全国优秀畅销书
荆棘鸟
The Thorn Birds

勇敢地做自己的上帝
Be brave to be your own god

　　美国从事个性分析的专家罗伯特·菲利浦有一次在办公室接待了一个因自己开办的企业倒闭、负债累累、离开妻女四处为家的流浪者。那人进门打招呼说："我来这儿，是想见见这本书的作者。"说着，他从口袋中拿出一本名为《自信心》的书，那是罗伯特多年前写的。

　　流浪者说："一定是命运之神在昨天下午把这本书放入我的口袋中的，因为我当时决定跳入密歇根湖，了此残生。我已经看破一切，认为一切已经绝望，所有的人（包括上帝在内）已经抛弃了我。但还好，我看到了这本书，它使我产生了新的看法，为我带来了勇气及希望，并支持我度过昨天晚上。我已下定决心，只要我能见到这本书的作者，他一定能帮助我再度站起来。现在，我来了，我想知道你能替我这样的人做些什么。"

　　在他说话的时候，罗伯特从头到脚打量着这位流浪者，发现他眼神茫然、神态紧张。这一切都显示，他已经无可救药了，但罗伯特仍旧请他坐下，要他把自己的故事完完整整地说出来。

听完流浪汉的故事，罗伯特想了想，说："虽然我没有办法帮助你，但如果你愿意的话，我可以介绍你去见这幢大楼的一个人，他可以帮助你东山再起。"罗伯特刚说完，流浪汉立刻跳了起来，抓住他的手，说道："看在上天的分儿上，请带我去见这个人。"

罗伯特拉着他的手，引导他来到从事个性分析的心理试验室，和他一起站在一块窗帘之前。罗伯特把窗帘拉开，露出一面高大的镜子，罗伯特指着镜子里的流浪汉说："就是这个人。在这个世界上，只有一个人能够使你东山再起，除非你坐下来，彻底认识这个人——当作你从前并未认识他——否则，你只能跳到密歇根湖里。因为在你对这个人未作充分的认识之前，对于你自己或这个世界来说，你都将是一个没有任何价值的废物。"

流浪汉朝着镜子走了几步，用手摸摸他长满胡须的脸孔，对着镜子里的人从头到脚打量了几分钟，然后后退几步，低下头，开始哭泣起来。过了一会儿，罗伯特领他走出电梯间，送他离去。

几天后，罗伯特在街上碰到了这个人。他不再是一个流浪汉形象，他西装革履，步伐轻快有力，头抬得高高的，原来的衰老、不安、紧张已经消失不见。他说，感谢罗伯特先生让他找回了自己，并很快找到了工作。后来，那个人真的东山再起，成为芝加哥的富翁。

人生总是会遇到不顺的情况，勇敢地做自己的上帝，因为真正能够主宰自己命运的人就是自己，当你相信自己的力量之后，你的脚步就会变得轻快，你才能充分发挥你自身的潜能。

你的价值决定生命的重量

Your value determines the weight of life

在一次讨论会上，一位著名的演说家没讲一句开场白，手里却高举着一张 20 美元的钞票。面对会议室里的 200 个人，他问："谁要这 20 美元？"一只只手举了起来。他接着说："我打算把这 20 美元送给你们中的一位，但在这之前，请准许我做一件事。"他说着将钞票揉成一团，然后问："谁还要？"仍有人举起手来。

他又说："那么，假如我这样做又会怎么样呢？"他把钞票扔到地上，又踏上一只脚，并且用脚踩它。然后他拾起钞票，钞票已变得又脏又皱。"现在谁还要？"还是有人举起手来。

"朋友们，你们已经上了一堂很有意义的课。无论我如何对待那张钞票，还是有人想要它，因为它并没贬值，它依旧值 20 美元。人生路上，我们会无数次被自己的决定或碰到的逆境击倒、欺凌甚至碾得粉身碎骨。我们觉得自己似乎一文不值。但无论发生什么，或将要发生什么，在上帝的眼中，你们永远不会丧失价值。在他看来，肮脏或洁净、衣着齐整或不齐整，你们依然是无价之宝。生命的价值不依赖我们的所作所为，也

不仰仗我们结交的人物，而是取决于我们本身，也就是说，完全属于你的内心所想！你们是独特的——永远不要忘记这一点！"

生命的价值取决于我们自身，除了自己，没有人能让你贬值。不要因为自己的普通、贫穷或暂时的失意而自怨自艾，无端地贬低、自毁自己。只要你承认自己、肯定自己，给自己足够的自信和勇气，总能发现自己的价值。

人生路漫漫，充满了鲜花，也充满了荆棘；充满了幸福，也充满了痛苦。不测是时时刻刻都存在的，在踏上人生路途的时候，我们就该明白前途的坎坷。要接受温润的春和赤烈的夏，就必须接受清冷的秋和寒冽的冬，正像茶叶一样，我们要坦然面对沉浮，让生命散发芳香……

苦难是最好的大学，当然，你必须首先不被其击倒，然后才能成就自己。感谢苦难，感谢那曾经带给我们无限苦痛的"命运女神"。

Part 5

越是艰难的岁月，
日子越要认真过

P e o p l e   l i v i n g   d e e p l y   h a v e   n o   f e a r   o f   h a r d   t i m e s

我不去想

是否能够成功

既然选择了远方

便只顾风雨兼程

请一直坚持下去，直到抵达终点

在美国，有一位穷困潦倒的年轻人，即使在身上全部的钱加起来都不够买一件像样的西服的时候，仍全心全意地坚持着自己心中的梦想，他想做演员，拍电影，当明星。

当时，好莱坞共有500家电影公司，他逐一数过，并且不止一遍。后来，他又根据自己认真划定的路线与排列好的名单顺序，带着自己写好的为自己量身定做的剧本前去拜访。但第一遍下来，500家电影公司没有一家愿意聘用他。

面对百分之百的拒绝，这位年轻人没有灰心，从最后一家被拒绝的电影公司出来之后，他又从第一家开始，继续他的第二轮拜访与自我推荐。在第二轮的拜访中，500家电影公司依然拒绝了他。第三轮的拜访结果仍与第二轮相同。这位年轻人咬咬牙开始他的第四轮拜访，当拜访完第349家后，第350家电影公司的老板破天荒地答应愿意让他留下剧本先看一看。

几天后，年轻人获得通知，请他前去详细商谈。就在这次商谈中，这家公司决定投资开拍这部电影，并请这位年轻人担任自己所写剧本中的男主角。这部电影名叫《洛奇》。这位年轻人的名字就叫席维斯·史泰龙。现在翻开电影史，这部叫《洛奇》的电影与这个日后红遍全世界的巨星皆榜上有名。

关于史泰龙，他的健身教练哥伦布曾经做出如此评价："史泰龙从来不惧怕失败，他的意志、恒心与持久力都令人惊叹。在逆境中，他善于调整自己的情绪，他是一个行动专家，他从来不让自己情绪低落，从不在消极的思想中等待事情发生，他会主动让事情发生。"

成功是需要持之以恒地去追求的，无论路途如何，请一直坚持，直到你达成自己的目的。

故事发生在美国东部费城的一个贫民区。三十岁的洛奇体格魁梧,力大如牛。他是一黑社会组织的小喽啰,也是业余拳击手,经常充当陪打人,连打四场,却连一点小费也拿不到。洛奇有个朋友叫波里,在屠宰场干活。

一天,洛奇去附近一家商店买东西,看到女售货员瘦弱而羞涩的样子,不知怎么地产生了怜悯。原来她是波里的妹妹,叫艾黛丽安,容貌平常,性格内向。洛奇虽脾气习性跟她迥然不同,但已暗中爱上了她,而她却没有轻易地坠入情网。洛奇拼命追求她,这位从没得到男性慰藉的老大姑娘终于与他相爱。

两人经常幻想着有一天能改变目前的处境,过上好日子。

机会终于来了。美国重量级黑人拳击冠军阿波罗·奎迪的对手因受伤而退出了比赛,主办人灵机一动,挑选洛奇作为出赛对手。由于此次比赛是庆祝美国建国两百周年的一个项目,优胜者可以获得15万美元巨款,贫困潦倒的三流拳击手洛奇顿时成为电视台和报刊记者竞相采访的对象。虽然洛奇心里明白他是打不赢对手的,但他认为,只要能和世界冠军打15个回合而不被击倒,

ROCKY

3 OSCAR de Hollywood 1977 incluyendo el de MEJOR PELICULA

那就是他的胜利。抱着这一信念，他抓紧时间刻苦训练。

　　洛奇是左撇子，左手勾拳不错，但右手就不行了。在教练米基的悉心指导下，洛奇刻苦训练出一套新拳路。波里为他打气，特别是艾黛丽安把自己的心灵也倾注给洛奇。现在他可不是一个窝囊废了，在理想与爱情的鼓舞下，他精神焕发，斗志昂扬。

　　比赛的那一天，洛奇以昂扬的斗志上阵了，他和阿波罗拼得你死我活。尽管阿波罗不断戏弄他，但他沉着应战。他被打得鼻青脸肿，头破血流，视线模糊，但他一直苦撑了 15 个回合……影片以他和女友艾德丽互相拥抱结束。

学会享受寂寞，一点点为理想添砖加瓦

Learn to enjoy loneliness for your dream life

在 2006 年之前，低调的张茵对于大众而言还是一张很陌生的面孔。一夜间，"胡润富豪榜"将这一年的中国女首富推出水面，这个颇具传奇色彩的商界红颜瞬间成为公众瞩目的焦点。在美国《财富》杂志"2007 年最有影响力商业女性 50 强"中，她被称为"全球最富有的白手起家的女富豪！"玖龙造纸有限公司，当这一企业红遍大江南北时，张茵也因此赢得了"废纸大王"的美誉。这个东北姑娘当年的泼辣闯劲至今还留在亲人的脑海里。

张茵出生于东北，走出校门后，做过工厂的会计，后在深圳信托公司的一个合资企业里也做过财务工作。1985 年，她曾有过当时看来绝好的机遇：分配住房，年薪 50 万港币。然而，张茵却只身携带 3 万元前往香港创业，在香港的一家贸易公司做包装纸的业务。

一直指导张茵的财富法则就是做事专注而坚定。最初入行的张茵以"品质第一"为本，坚决不往纸浆里面掺水，因而触犯同行的利益吃尽了苦头，她曾接到黑社会的恐吓电话，也曾被合伙人欺骗。从未退缩的张茵凭借豪爽与公道逐渐赢得了同行的信任，废纸商贩都愿意把废纸卖给她，尽管她的粤语说得不好，但是诚信之下，沟通不是问题。

6 年时间很快过去，赶上香港经济蓬勃时期的张茵不但站稳了脚跟，而且还在完成资本积累的同时，把目光投向了美国市场。因为有了在香港积累的丰富创业实践经验和一定资本，加之美国银行的支持，

1990 年起，张茵的中南控股（造纸原料公司）成为美国最大的造纸原料出口商，美国中南有限公司先后在美建起了 7 家打包厂和运输企业，其业务遍及美国、欧亚各地，在美国各行各业的出口货柜中数量排名第一。

成为美国废纸回收大王后，独具慧眼的张茵有了新的想法：做中国的废纸回收大王！1995 年，玖龙纸业在广东东莞投建。12 年后的今天，玖龙纸业产能已近 700 万吨，成为一家市值 300 多亿港元的国际化上市公司。

从张茵的身上，我们看到了她的专注与坚定。无论做什么事，都全身心地投入。只要全心全意想要做好一件事，无论遇到什么困难与挫折，只要沉着应对，都可以化险为夷。

有人说，挡住人前进步伐的不是贫穷或者困苦的生活环境，而是内心对自己的怀疑。但是，如果一个人内心里始终装着自己的目标，并且能够耐得住寂寞，静下心来为自己的目标积累能量，坚定不移地为实现自己的目标而努力，那么即使他贫穷到买不起一本书，仍然可以通过借阅来获得知识。

别人的人生再辉煌，你也感受不到任何光和热，你所能做的就是耐住寂寞，认准自己的目标，然后一步步地向自己的目标迈进。

坚韧是翻转人生的力量
Tenacity is the power to change your life

"二战"时期，在纳粹集中营里，一个犹太女孩写过这样一首诗：

这些天我一定要节省，虽然我没有钱可节省；

我一定要节省健康和力量，足够支持我很长时间；

我一定要节省我的神经、我的思想、我的心灵和精神的火；

我一定要节省流下的泪水，我需要它们安慰我；

我一定要节省忍耐，在这些风暴肆虐的日子，在我的生命里，我多么需要温暖的情感和一颗善良的心。

这些东西我都缺少，这些我一定要节省。

这一切，上帝的礼物，我希望保存。

我将多么悲伤，倘若我很快就失去了它们。

在恶劣的环境下，小女孩一直用稚嫩的文字给自己弱小的灵魂取暖，用坚韧面对逆境。很多人在绝望中死去，而这个小女孩终于等到了"二战"结束，看到了新生的曙光。

在这个世界上，没有任何东西可以替代坚韧：教育不能替代，父辈的遗产和强者的垂青也不能替代，而命运更不能替代。

你要当个好舵手，还得具有克服艰难的毅力和勇气，设法绕过旋涡，乘风破浪前进。换言之，坚韧也是面对磨难的一种手法，以不变应万变；坚韧更是一种力量，它能磨钝利刃的锋芒。

1.Bubbly--Colbie Caillat

2.Burning--Maria Arredondo

3.Apologize--Timbaland

4.The Climb--Miley Cyrus

5.I Didn't Know My Own Strength--Whitney Houston

6.A Little Bit Longer--Jonas Brothers

7.The Little Things--Colbie Caillat

8.Need You Now--Lady Antebellum

9.The Saltwater Room--Owl City

10.Take A Bow--Rihanna

11.The Technicolor Phase--Owl City

12.Who Says--John Mayer

13.Just One Last Dance--Sarah Connor

包容他人，自己的世界因此海阔天空
Pardon others to gain more

当"智慧"已经钝化，"天才"无能为力，"机智"与"手腕"已经失败，其他的各种能力都已束手无策、宣告绝望的时候，就只剩下"忍耐"。

在别人都已停止前进时，你仍然坚持；在别人都已失望放弃时，你仍然前行，这是需要相当的勇气的。使你得到比别人更高的位置、更多的薪资，使你超乎寻常的，正是这种坚持、忍耐的能力，不以喜怒好恶改变行动的能力。忍耐的精神与态度，是许多人能够成功的关键。

有一天，古希腊的大哲学家苏格拉底和一位老朋友在雅典城里漫步，一边走，一边聊天。忽然有一个莫名其妙的人冲了出来，对苏格拉底打了一棍子，就逃去了。他的朋友立刻回头要去找那个家伙算账。

但是苏格拉底拉住了他，不准他去报复。朋友说："你怕那个人吗？""不，我决不是怕他。""人家打了你，你都不还手吗？"苏格拉底笑笑说："老朋友，你别生气。难道一头驴子踢你一脚，你也要还它一脚吗？"

尼布尔有一句有名的祈祷词说："上帝，请赐给我们胸襟和雅量，让我们平心静气地去接受不可改变的事情；请赐给我们智能，去区分什么是可以改变的，什么是不可以改变的。"

做最好的自己，
享受生活而非被生活奴役

Do your best, and enjoy life

如果你不能成为山巅的劲松，

就做一棵谷中的小树吧！

但要做一棵溪边最好的小树。

改变世界从改变自己开始

Change the world starting with yourself

在威斯敏斯特教堂的地下室里，英国圣公会主教的墓碑上刻着这样的一段话：

当我年轻自由的时候，我的想象力没有任何局限，我梦想改变这个世界。

当我渐渐成熟明智的时候，我发现这个世界是不可能改变的，于是我将眼光放得短浅了一些，那就只改变我的国家吧！但是我的国家似乎也是我无法改变的。

当我到了迟暮之年，抱着最后一丝努力的希望，我决定只改变我的家庭、我亲近的人——但是，唉！他们根本不接受改变。

现在在我临终之际，我才突然意识到：如果起初我只改变自己，接着我就可以依次改变我的家人。然后，在他们的激发和鼓励下，我也许就能改变我的国家。再接下来，谁又知道呢，也许我连整个世界都可以改变。

别说命运对你不公平，其实每个人上帝都分配给了美好的将来，只是看你有没有把握住自己的人生了。

原一平，美国百万圆桌会议终身会员，荣获日本天皇颁赠的"四等旭日小绶勋章"，被誉为日本的推销之神，但其实在他小的时候是以脾气暴躁、调皮捣蛋、叛逆顽劣而恶名昭彰的，被乡里人称为无药

可救的"小太保"。

在原一平年轻时,有一天,他来到东京附近的一座寺庙推销保险。他口若悬河地向一位老和尚介绍投保的好处。老和尚一言不发,很有耐心地听他把话讲完,然后以平静的语气说:"听了你的介绍之后,丝毫引不起我的投保兴趣。年轻人,先努力去改造自己吧!"

"改造自己?"原一平大吃一惊。"是的,你可以诚恳地去请教你的投保户,请他们帮助你改造自己。我看你有慧根,倘若你按照我的话去做,他日必有所成。"

从寺庙里出来,原一平一路思索着老和尚的话,若有所悟。接下来,他组织了专门针对自己的"批评会",请同事或客户吃饭,目的是为了让他们指出自己的缺点。原一平把种种可贵的逆耳忠言一一记录下来。

通过一次次的"批评会",他把自己身上那一层又一层的劣根性一点点剥落掉。与此同时,他总结出了含义不同的39种笑容,并一一列出各种笑容要表达的心情与意义,然后再对着镜子反复练习。他开始像一条成长的蚕,在悄悄地蜕变着。

最终,他成功了,并被日本国民誉为"练出价值百万美金笑容的小个子"。

"我们这一代最伟大的发现是,人类可以由改变自己而改变命运。"原一平用自己的行动印证了这句话,那就是:有些时候,迫切应该改变的或许不是环境,而是我们自己。幸福和成功的第一步,从改变自己开始。

Les Deux Magots

Les Deux Magots

巴黎告诉你咖啡不是用来喝的
Paris Coffee

如果，你的咖啡只是用来喝的，那么你一定没有来过巴黎。

一杯咖啡，或许就是一个下午。再没有哪个城市的咖啡馆，会像巴黎那样，给你如此的感觉。

法国人把傲气刻进了骨子里、把浪漫写在了脸上，把情趣溶进了血液里。

喝咖啡是巴黎人清晨醒来的第一件事。

巴黎市中心不大，却有着大大小小近 12000 多家咖啡馆。

坐在街头，晒着太阳，喝着咖啡，望着那匆匆走过的旅人，想象他们无尽的故事。

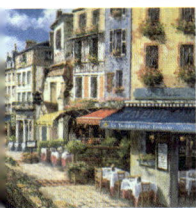

把耳朵叫醒

Wake up your mind

20 世纪 80 年代初，美国戏剧家阿瑟·米勒曾经到当时已年逾古稀的戏剧大家曹禺先生家做客。

午饭前休息时，曹禺先生突然从书架上拿来一本装帧讲究的册子，上面裱着画家黄永玉写给他的一封信，曹禺先生逐字逐句地把它念给阿瑟·米勒和在场的朋友们听。

这是一封措辞严厉且不讲情面的信，信中这样写道："我不喜欢你解放后的戏，一个也不喜欢。你的心不在戏剧里，你失去了伟大的灵通宝玉，你为势位所误！命题不巩固、不缜密，演绎分析也不够透彻，过去数不尽的精妙休止符、节拍、冷热快慢的安排，那一箩一筐的隽语都消失了……"这封信，用词不多，语气却相当激烈，还夹杂着明显的羞辱意味。然而曹禺先生念着信的时候神情激动，仿佛这信是对他的褒奖和

108

鼓励。

当时，阿瑟·米勒对曹禺先生的行为感到茫然，其实这正是曹禺先生的清醒和真诚。尽管他已经是功成名就的戏剧大家，可他并没有像旁人一样过分看重自己的荣誉和名声。在这种"不可理喻"的举动中，透露出曹禺先生已经把这种羞辱演绎成了对艺术缺陷的真切悔悟。那些批评对他而言已经是一笔鞭策自己的珍贵馈赠，所以他要当众感谢这一次羞辱。

无论在生活中还是在工作中，我们经常都会遇到意见、看法与自己相左的人。面对这些批评，大多数人都会头脑发热，据理力争，甚至还会用非常恶毒的话予以还击，结果使事情变得更糟。其实，不管你从事什么工作，总会有人对你的表现提出反对意见，过分看重别人的批评，只会增加自身的压力，如果仅仅因为批评而否定自己，则更不是明智之举了。

其实，在美国总统的选举过程中，胜出者并不是所有人都支持的。所谓的压倒性胜利指的是有60%的人投你的票，也就是说，就算是一个大赢家，也还是有40%的人投反对票。明白这个道理，在别人的批评面前，你就能保持冷静与开阔的胸襟了。没有一个人好到无懈可击，可以完全避免批评。

谁都不能夸口自己是完美的，同时，也没有人一无是处，在"胸有成竹"时相信自己，在"迷茫怅然"时相信别人，让二者相互配合、相互补充，你就能拥有精彩的人生。

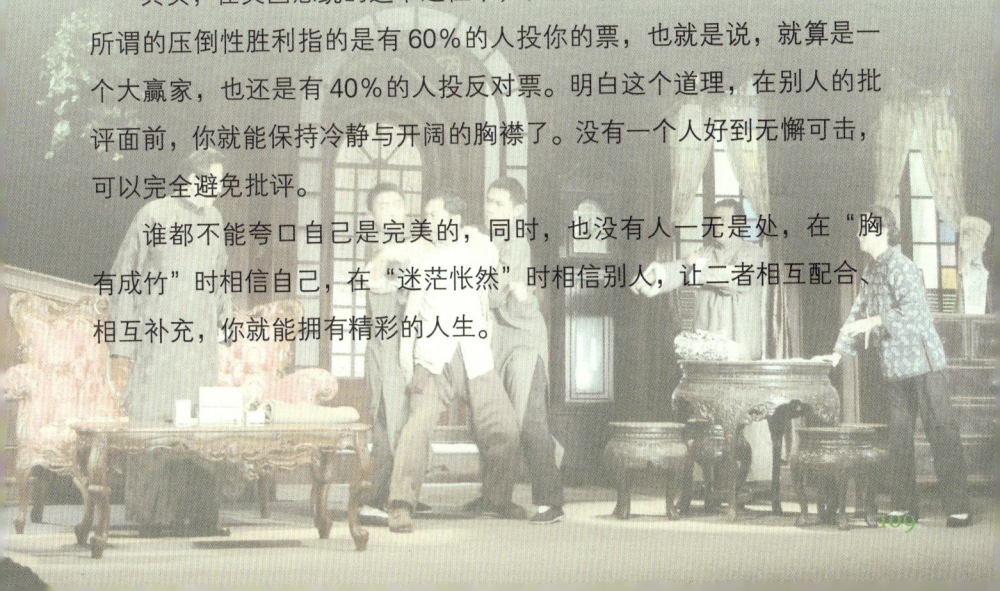

给忧虑一个便捷的出口
A quick channel for your worry

　　威利斯·卡瑞尔是一个很聪明的工程师，他开创了空气调节器的制造业，是位于纽约州塞瑞库斯市的世界闻名的卡瑞尔公司负责人。卡瑞尔先生克服忧虑的方法是年轻时在纽约州巴佛罗制造公司工作时发现的。卡瑞尔在回顾自己如何克服忧虑时这样说道：

　　年轻的时候，我在纽约州巴佛罗制造公司工作。我必须到密苏里州水晶城的匹兹堡玻璃公司——一座花费好几百万美元建造的工厂去安装一架瓦斯清洁机，以清除瓦斯燃烧的杂质，使瓦斯燃烧时不会伤到引擎。这种瓦斯清洁方法是一种新的尝试，以前只试过一次——而且当时的情况很不相同。我到密苏里州水晶城工作的时候，很多事先没有想到的困难都发生了。经过一番调整之后，机器可以使用了，可是效果并不像我们所保证的那样。我对自己的失败非常吃惊，觉得好像是有人在我头上重重地打了一拳。我的胃和整个肚子都开始扭痛起来。有好一阵子，我担忧得简直无法入睡。最后，出于一种常识，我想忧

虑并不能够解决问题，于是便想出一个不需要忧虑就可以解决问题的办法，结果非常有效。我这个抵抗忧虑的办法已经使用 30 多年了。这个办法非常简单，任何人都可以使用。这一方法共有三个步骤：

第一步，首先要毫不害怕并诚恳地分析整个情况，然后找出万一失败后可能发生的最坏情况是什么。没有人会把我关起来，或者把我枪毙，这一点说得很准。不错，很可能我会丢掉工作，也可能我的老板会把整个机器拆掉，使投下去的 20000 美元泡汤。

第二步，找出可能发生的最坏情况之后，让自己在必要的时候能够接受它。我对自己说：这次失败，在我的记录上会是一个很大的污点，我可能会因此而丢掉工作。但即使真是如此，我还是可以另外找到一份差事。事情可能比这更糟。至于我的那些老板——他们也知道我们现在是在试验一种清除瓦斯的新方法，如果这种实验要花他们 20000

111

美元，他们还付得起。他们可以把这个账算在研究费上，因为这只是一种实验。发现可能发生的最坏情况，并让自己能够接受之后，有一件非常重要的事情发生了。我马上轻松下来，感受到几天以来所没有经历过的一份平静。

第三步，从那以后，我就平静地把我的时间和精力，拿来试着改善我在心理上已经接受的那种最坏情况。我努力找出一些办法，让我减少我们目前面临的20000美元损失。我做了几次实验，最后发现，如果我们再多花5000美元，加装一些设备，我们的问题就可以解决了。我们照这个办法去做，公司不但不会损失20000美元，反而可以赚15000美元。

如果当时我一直担心下去的话，恐怕再也不可能做到这一点。因为忧虑的最大坏处就是摧毁我集中精神的能力。一旦忧虑产生，我们的思想就会到处乱转，从而丧失做出决定的能力。然而，当我们强迫自己面对最坏的情况，并且在精神上先接受它之后，我们就能够衡量所有可能的情形，使我们处在一个可以集中精力解决问题的地位。

我刚才所说的这件事，发生在很多很多年以前，因为这种做法非常好，我就一直使用。结果呢，我的生活里几乎不再有烦恼了。

后来，威利斯·卡瑞尔发明了一个能够快速高效地解决忧虑的万能公式，为千万饱受忧虑困扰的人解决了问题。卡瑞尔的奇妙公式之所以有这么神奇的作用，主要原因是因为它击中了解决忧虑问题的"靶心"——它可以让我们接受最坏的情况，这样我们就可以使自己着手问题的解决。

告诉你吧，世界
我——不——相——信！
纵使你脚下有一千名挑战者，
那就把我算作第一千零一名。

我不相信天是蓝的，
我不相信雷的回声，
我不相信梦是假的，
我不相信死无报应。

如果海洋注定要决堤，
就让所有的苦水都注入我心中，
如果陆地注定要上升，
就让人类重新选择生存的峰顶。

新的转机和闪闪星斗，
正在缀满没有遮拦的天空。
那是五千年的象形文字，
那是未来人们凝视的眼睛。

　　　　　　　——北岛《回答》

请自信，否则别人更没有理由相信你
Please believe in yourself

　　他是英国一位年轻的建筑设计师，很幸运地被邀请参加了温泽市政府大厅的设计。他运用工程力学的知识，根据自己的经验，很巧妙地设计了只用一根柱子支撑大厅天顶的方案。

　　一年后，市政府请权威人士进行验收时，对他设计的一根支柱提出了异议。他们认为，用一根柱子支撑天花板太危险了，要求他再多加几根柱子。年轻的设计师十分自信，他说："只要用一根柱子便足以保证大厅的稳固。"他详细地通过计算和列举相关实例加以说明，拒绝了工程验收专家们的建议。他的固执惹恼了市政官员，年轻的设计师险些因此被送上法庭。在万不得已的情况下，他只好在大厅四周增加了 4 根柱子。不过，这 4 根柱子全部都没有接触天花板，其间相隔了无法察觉的两毫米。

　　时光如梭，岁月更迭，一晃就是 300 年。300 年的时间里，市政官员换了一批又一批，市政府大厅坚固如初。直到 20 世纪后期，市政府准备修缮大厅的天顶时，才发现了这个秘密。

　　消息传出，世界各国的建筑师和游客慕名前来，

观赏这几根神奇的柱子，并把这个市政大厅称作"嘲笑无知的建筑"。最为人们称奇的是这位建筑师当年刻在中央圆柱顶端的一行字：自信和真理只需要一根支柱。

这位年轻的设计师就是克里斯托·莱伊恩。

今天，能够找到有关他的资料实在微乎其微了，但在仅存的一点资料中，记录了他当时说过的一句话："我很自信。至少 100 年后，当你们面对这根柱子时，只能哑口无言，甚至瞠目结舌。我要说明的是，你们看到的不是什么奇迹，而是我对自信的一点坚持。"

总是一味轻视自己，不敢相信自己的想法和决策。这种情绪一旦占据心头，就会腐蚀一个人的斗志，犹豫、忧郁、烦恼、焦虑也便纷至沓来。生命，有时候是一种恶性循环，你越是不敢相信自己，很多事情越是做不好。陷入这样的旋涡里，你将从此丢了快乐，丢了幸福。

1 创新建筑师代表：卡拉特拉瓦

卡拉特拉瓦以桥梁结构设计与艺术建筑闻名于世，他设计了威尼斯、都柏林、曼彻斯特以及巴塞罗那的桥梁，也设计了里昂、里斯本、苏黎世的火车站，最近的作品就是著名的 2004 年雅典奥运会主场馆。

2 追求内外协调统一：贝聿铭

贝聿铭，美籍华人，世界著名的建筑设计师，他为我国设计了北京香山饭店、中国银行总部大厦，香港的中国银行大厦等。另有作品德国历史博物馆、美国国家美术馆东馆等。

3 安东尼奥·高迪

西班牙建筑师，塑性建筑流派的代表人物，属于现代主义建筑风格。高迪曾就学于巴塞罗那省立建筑学校，毕业后初期作品近似华丽的维多利亚式，后采用历史风格，属哥特复兴的主流。作品有：圣家族大教堂、米拉公寓、巴特罗公寓（又称巴特罗之家）、吉埃尔礼拜堂和古埃尔公园。

4 艺术建筑大师：约翰·伍重

约翰·伍重是一位建筑师。他扎根于历史，触角遍及马来西亚、中国、日本、伊斯兰的文化，以及其他很多的背景，包括他自己的斯坎德纳亚人的遗传。他把那些古代的传统与自己和谐的修养相结合，形成了一种艺术化的建筑感觉，以及和场所状况相联系的有机建筑的自然本能。他总是领先于他的时代，当之无愧地成为将过去的这个世纪和永恒不朽的建筑物塑造在一起的少数几个现代主义者之一。代表作品：悉尼歌剧院。

不以当下表现丈量未来

Now is not equal to the future

"让你的心先越过横杆，你的身体才会越过阻碍。"这是"撑竿跳沙皇"布勃卡的成功秘诀。

布勃卡是举世闻名的奥运会撑竿跳冠军。他曾数十次创造撑竿跳世界纪录，所保持的两项世界纪录，迄今无人打破。在接受"国家勋章"的授勋典礼上，记者们纷纷提问："你成功的秘诀是什么？"布勃卡微笑着说："很简单，每次撑竿跳之前，我都会先让自己的心'跳'过横杆。"

作为一名撑竿跳选手，在成名之前，尽管布勃卡不断尝试新的高度，但每次都以失败告终。他既沮丧又苦恼，甚至怀疑过自己的能力。有一天，他来到训练场，禁不住摇头对教练说："我实在跳不过去。"教练平静地问："你是怎么想的？"布勃卡如实回答："只要踏上起跳线，一看那根高悬的横杆，心里就害怕。"教练看着他，突然厉声喝道："布勃卡，你现在要做的就是闭上眼睛，先让你的心从横杆上'跳'过去。"教练的训斥，让布勃卡如梦初醒。遵从教练的吩咐，他重新撑竿，这一次，他顺利地跃身而过。

人生计划，绝非一蹴而就，它是一个不断积累的过程。而一个个量化的具体计划，就是人生成功旅途上的里程碑、停靠站。每一个"站点"都是一次评估，一次安慰，一次鼓励，一次加油。

心不设限，释放自己的潜能，才能在无数次努力尝试之后，抵达彼岸。

有一天，一位禅师为了启发他的弟子，给了他的徒弟一块石头，让他去蔬菜市场，并且试着卖掉这块很大、很好看石头。但师父紧接着说："不要卖掉它，只是试着去卖。注意观察，多问一些人，

回来后只要告诉我在蔬菜市场它最多能卖多少钱。"

在菜市场，许多人看着石头想：它可以做很好的小摆件，我们的孩子可以玩，或者可以把它当作称菜用的秤砣。于是他们出了价，但只不过是几个小硬币。徒弟回来后对老禅师说："这块石头最多只能卖得几个硬币。"师父说："现在你去黄金市场，问问那儿的人。但是不要卖掉它，只问问价。"

从黄金市场回来后，这个弟子很高兴地说："这些人简直太棒了，他们乐意出到一千元。"师父说："现在你去珠宝商那儿，问问那儿的人。但不要卖掉它，同样只是问问价。"

在珠宝商那儿，他们竟然愿意出 5 万元来买这块石头。徒弟听从师父的指示，表示不愿意卖掉石头，想不到那些商人竟继续抬高价格——出到 10 万元，但徒弟依旧坚持不卖。珠宝商们说："我们出 20 万元、30 万元，只要你肯卖，你要多少我们就给你多少！"徒弟觉得这些商人简直疯了，竟然愿意花这么一大笔钱买一块毫不起眼的石头。

徒弟回到禅寺，师父拿着石头后对他说："现在你应该明白，我之所以让你这样做，是想要培养和锻炼你充分认识自我价值的能力和对事物的理解力。如果你是生活在蔬菜市场里的人，那么你只有那个市场的理解力，你就永远不会认识更高的价值。又或者你自己就是这块被人们不断改写价码的石头，它究竟值多少钱呢？"

潜能是每个人固有的天然宝库，每个人身上都有一个取之不尽、用之不竭的潜能宝库，但是很多人都没有寻找到宝库的钥匙，所以很难看到其中的风景。切勿漫无目标地飘荡，切勿惧摄于眼前的困境，切勿自轻自贱，切勿疏于开采自我潜能而让肥沃的土地逐渐贫瘠。

驯服习惯为自己服务
Control of your habits

　　美国石油大亨保罗·盖蒂曾经有抽烟的习惯，并且烟瘾很大。在一次度假中，他开车经过一个地方，由于下雨，他在一个小城的旅馆停了下来。吃过晚饭，疲惫的他很快就进入了梦乡。

　　清晨两点钟，盖蒂醒来。他想抽一根烟。打开灯后，他很自然地伸手去抓桌上的烟盒，不料里面却是空的。他下了床，搜寻衣服口袋，一无所获，他又搜索行李，希望能发现他无意中留下的一包烟，结果又失望了。

　　这时候，旅馆的餐厅、酒吧早已关门，他唯一希望得到香烟的办法是穿上衣服，走出去，到几条街外的火车站去买，因为他的汽车停在距旅馆有一段距离的车房里。

　　越是没有烟，想抽的欲望就越大，有烟瘾的人大概都有这种体验。盖蒂脱下睡衣，穿好了出门的衣服，在伸手去拿雨衣的时候，他突然

停住了。他问自己：我这是在干什么？

盖蒂站在那儿寻思，一个所谓有修养的人，而且相当成功的商人，一个自以为有足够理智对别人下命令的人，竟要在三更半夜离开旅馆，冒着大雨走过几条街，仅仅是为了得到一支烟。这是一个什么样的习惯，这个习惯的力量竟如此惊人地强大。

没多会儿，盖蒂下定了决心，把那个空烟盒揉成一团扔进了纸篓，脱下衣服换上睡衣回到了床上，带着一种解脱甚至是胜利的感觉，几分钟就进入了梦乡。从此以后，保罗·盖蒂再也没有抽过香烟，当然，他的事业越做越大，成为世界顶尖富豪之一。

世上有烟瘾的人不少，但因为意识到了烟瘾对自己支配的力量而义无反顾地戒烟的人，恐怕不多。的确，一个人要是沉溺于坏习惯之中，就会不知不觉地把自己毁掉。

要知道，我们每个人都是习惯的产物，我们的生活和工作都遵循我们自身所养成的习惯。就像一句古老的箴言："习惯就像一根绳索。每天我们都织进一根丝线，它就会逐渐变得非常坚固，无法断裂，把我们牢牢固定住。"

面对阳光，你就会看不到阴影
Keep your face to the sunshine and you can not see the shadow

　　人生就像四季，有着寒暑之分，也会有冷暖交替的变化。情场失意、工作不得志、与家人无法沟通、在同事中不被认同、亲人病危……当我们面临人生的"冬季"时，会不可避免地陷入情绪的低潮，并经常在低潮与清醒中来回摇摆。

　　其实，当一个人处于人生的"冬季"时，正是好好反省、重新认识自己的时候，因为在所谓清醒的时刻，往往并非是真正的清醒。不管是刻意压抑还是在潜意识中，都会在有意或无心的时候，否定了内心种种孤寂、空虚的感受，也压抑了由恐惧所引起的各种负面情绪。

　　道本连自己的名字都不会写，却在大阪的一所中学当了几十年的校工。尽管工资不多，但他已经很满足生活中的一切。就在他快要退休时，新上任的校长以他"连字都不认识，却在校园工作，太不可思议了"为由，将他辞退了。道本恋恋不舍地离开了校园。

　　像往常一样，他去为自己的晚餐买半磅香肠，但快到食品店门前时，他想起食品店已经关门多日了。而不巧的是，附近街区竟然没有第二家卖香肠的。忽然，一个念头在他脑海里闪过——为什么我不开一家专卖香肠的小店呢？他很快拿出自己仅有的一点积蓄开了一家食品店，专门卖起香肠来。

　　因为道本灵活多变的经营，十年后，他成了一家熟食加工公司的总裁，他的香肠连锁店遍及了大阪的大街小巷，并

且是产、供、销"一条龙"服务，颇有名气的道本香肠制作技术学校也应运而生。

一天，当年辞退他的校长得知这位著名的董事长识字不多时，便十分敬佩地称赞他："道本先生，您没有受过正规的学校教育，却拥有如此成功的事业，实在是太不可思议了。"

道本诚恳地回答："真感谢您当初辞退了我，让我摔了跟头，从那之后我才认识到自己还能干更多的事情。否则，我现在肯定还是一位靠一点退休金过日子的校工。"

生活中的"冬季"就像开车遇到红灯一样，短暂的停留是为了让你放松，甚至可以看看是否走错了方向。人生是长途旅行，如果没有这种短暂的休息，也就无法精力充沛地踏上未完的旅程。生命有高潮也有低谷，低谷的短暂停留是为了整顿自我，向更高峰攀登。

世界上有无数强者，即使丧失了他们所拥有的一切东西，也还不能把他们叫作失败者，因为他们有不可屈服的意志，有一种坚忍不拔的精神，有一种积极向上的乐观心态，而这些足以使他们从失败中崛起，走向更伟大的成功。

在我们学习那些坚韧不拔、百折不挠的生活强者时，我们也能将失败像蜘蛛网那样轻轻抹去，只要我们心里有阳光，只要我们面对失败也依然微笑，我们就能说：命运在我手中，失败算得了什么！

Part 7

一直向前看，
那是希望所在的地方

T h e r e   i s   a l w a y s   h o p e , s o   l o o k   s t r a i g h t   a h e a d

如果你不能成为山巅的劲松，

生命所在，希望存焉。

Where is life,there is hope.

人生需要折腾
You should create your life in the way you want it

　　有两个人在大海上漂泊，想找一块生存的地方。他们首先到了一座无人的荒岛，岛上虫蛇遍地，处处都潜伏着危机，条件十分恶劣。

　　其中一个人说："我就在这儿了。这地方虽然现在差一点，但将来会是个好地方。"而另一个人不满意，于是他继续漂泊，后来他终于找到一座鲜花烂漫的小岛，岛上已有人家，他们是18世纪海盗的后裔，几代人努力把小岛建成了一座花园。他便留在这里做了小工，生活不好不坏。

　　过了很多年，一个偶然的机会，他经过那座他曾经放弃的荒岛，于是决定去拜访老友。

　　岛上的一切使他怀疑走错了地方：高大的屋舍、整齐的田畴、健壮的青年、活泼的孩子……老友已因劳累、困顿而过早衰老，但精神仍然很好。尤其当说起变荒岛为乐园的经历时，更是神采奕奕。

　　最后老友指着整个岛说："这一切都是我双手干出来的，这是我的岛屿。"

　　人生需要折腾，要正视生活的全部，以行动改善命运。

"趁着年轻，去折腾吧！"

属于个人的岛屿
Private island

1 西班牙——萨菲拉杜拉岛

萨菲拉杜拉岛坐落于西班牙圣米格尔湾，紧邻伊维萨岛北海岸。每年有300天阳光普照的日子，还能以绝佳的视角欣赏湛蓝的地中海。周租金高达23万美元。

2 巴哈马群岛——甘蓝岛

甘蓝岛是一座个人享有完全继承权的私家小岛，占地35英亩，位于巴哈马群岛伊柳塞拉北部的内湾，那里有世界著名的北梭鱼浅滩。大面积的植被覆盖和大量稀有的野生动物让这里成为了最具自然气息的私人岛屿。

3 墨西哥加利福尼亚湾——塞拉尔沃岛

塞拉尔沃岛位于墨西哥下部沿岸科特斯海上的塞拉尔沃海峡，占地60平方英里，是一块未被开发的处女地。这里曾为一座火山，所以现在有着山一样的外形。岛上有几栋大房子，但是肯定没有邻居。典型的墨西哥式天气，细软的沙滩和充足的阳光，还有最重要的完全的隐私，因为这里距离大陆还有30英里。

4 英属维京群岛——内克尔岛

理查德·布兰森在 19 世纪 70 年代时将内克尔岛据为己有,将这里建造成了一个举世无双的超级度假村。内克尔岛位于加勒比海之上,周围分布着一个珊瑚礁和丰富多样的海洋动植物。

5 巴哈马群岛——穆沙岛

穆沙岛由 4 个岛屿组成,归著名魔术师大卫·科波菲尔私人所有。穆沙岛距巴哈马首都拿骚 85 英里,拥有自己的机场跑道。岛上有 5 栋房屋,度假区提供多种多样的娱乐活动。

可以抱怨，但请适可而止
Close complaining mouth

于强在一家电器公司担任市场总监，他原本是公司的生产工人。那时，公司的规模不大，只有30多人，有许多市场等待开发，而公司又没有足够的财力和人力，每个市场只能派去一个人，于强被派往西部的一个市场。

于强在那个城市里举目无亲，吃住都成问题。没有钱坐车，他就步行去拜访客户，向客户介绍公司的电器产品。为了等待约好见面的客户，他常常顾不上吃饭。他租了一间破旧的地下室居住，晚上只要电灯一关，屋子里的老鼠们就在那里载歌载舞。

那个城市的气候不好，春天沙尘暴频繁，夏天时常暴雨，冬天天气寒冷，这对于于强来说简直就是一个巨大的考验。公司提供的条件太差，远不如于强想象的那样。有一段时间，公司连产品宣传资料都供应不上，好在于强写得一手好字，自己花钱买来复印纸，用手写宣传资料。在这样艰苦的条件下，不抱怨几乎是不可能的，但每次抱怨时，于强都会对自己说："开拓市场是我的责任，抱怨不能帮助我解决任何问题。"他选择坚持下来。

一年后，派往各地的营销人员都回到公司，其中有很多人早已不堪忍受工作的艰辛而离职了。后来，于强凭着自己过硬的业绩当上了公司的市场总监。

抱怨的人很少积极想办法去解决问题，不认为主动独立完成工作是自己的责任，却将诉苦和抱怨视为理所当然。一个人一旦被抱怨束缚，那么他就不再有心情和精力去做他应当做的事情。所以大多数时候，请闭上抱怨的嘴。

豪华邮轮
Cruise ship

1 海洋绿洲号 Oasis of the Seas

世界上造价最昂贵的"海洋绿洲"号邮轮历经 3 年时间建造完成，于 2009 年 12 月 1 日开始处女航。这艘巨轮的设计别出心裁，带有剧院、赌场、商店、游泳池、露天公园以及攀岩场地。"海洋绿洲"号造价大约 14 亿美元，邮轮大小为"泰坦尼克"号的 5 倍，连美国军方"尼米兹"级航空母舰都相形见绌。

2 海洋魅力号 Allure of the Seas

海洋魅力号是海洋绿洲号的姊妹船。它是在"创世纪计划"中设计出来的。"海洋魅力"号于 2010 年 10 月 28 日完工，并将于 2010 年 12 月进行首航。这艘豪华邮轮长 361 米、宽 66 米，高出水面 72 米，排水量达 22.5 万吨，共有 16 层甲板和 2704 个客舱，可搭载 6360 名游客和 2100 名船员。

3 海洋自由号 Freedom of the Seas

海洋自由号邮轮隶属于皇家加勒比国际游船公司，2005 年 8 月在芬兰南部沿海城市图尔库建成下水，总吨位 16 万吨，体长 339 米，宽 56 米，高出水面 72 米，可容纳 4375 名乘客。

别为打翻的牛奶哭泣
Never cry over the spilt milk

    1871 年春天，一个年轻人拿起了一本书，看到了一句对他前途有莫大影响的话。他是蒙特瑞综合医科的一名学生，平日对生活充满了忧虑，担心通不过期末考试，担心该做些什么事情，怎样才能开业，怎样才能生活。

    这位年轻的医科学生所看见的那一句话，使他成为当代最有名的医学家，他创建了全世界知名的约翰·霍普金斯学院，成为牛津大学医学院的教授——这是学医的人所能得到的最高荣誉。他还被英国国王册封为爵士，他的名字叫做威廉·奥斯勒。

    他所看到的托马斯·卡莱里的一句话，帮他度过了无忧无虑的一生："最重要的就是不要去看远方模糊的事，而要做手边清楚的事。"

    40 年后，威廉·奥斯勒爵士在耶鲁大学发表了演讲，他对那些学生们说，人们传言说他拥有"特殊的头脑"，但其实不然，他周围的一些好朋友都知道，他的脑筋其实是"最普通不过了"。

    那么他成功的秘诀是什么呢？他认为这无非是因为他活在所谓"一个完全独立的今天"里。

    在他到耶鲁演讲的前一个月，他曾乘坐着一艘很大的海轮横渡大西洋，一天，他看见船长站在船舱里，揿下一个按钮，发出一阵机械运转的声音，船的几个部分就立刻彼此隔绝开来——隔成几个完全防水的隔舱。

    "你们每一个人，"奥斯勒爵士说，"都要比那条大海轮精美得多，

所要走的航程也要远得多，我要奉劝各位的是，你们也要学船长的样子控制一切，活在一个完全独立的今天，这才是航程中确保安全的最好方法。你有的是今天，断开过去，把已经过去的埋葬掉。断开那些会把傻子引上死亡之路的昨天，把明日紧紧地关在门外。未来就在今天，没有明天这个东西。精力的浪费、精神的苦闷，都会紧紧跟着一个为未来担忧的人。养成一个生活好习惯，那就是生活在一个完全独立的今天里。"

奥斯勒博士接着说道："为明日准备的最好办法，就是要集中你所有的智慧、所有的热忱，把今天的工作做得尽善尽美，这就是你能应付未来的唯一方法。"

人生一世，花开一季，谁都想让此生了无遗憾，谁都想让自己所做的每一件事都永远正确，从而达到自己预期的目的。可这只能是一种美好的幻想。人不可能不做错事，不可能不走弯路。做了错事，走了弯路之后，有后悔情绪是很正常的，这是一种自我反省，正因为有了这种"积极的后悔"，我们才会在以后的人生之路上走得更好、更稳。

但是，如果你纠缠住后悔不放，或羞愧万分，一蹶不振；或自惭形秽，自暴自弃，那么你的这种做法就是庸人自扰了。昨日的阳光再美，也移不到今日的画册。我们又为什么不好好把握现在，珍惜此时此刻的拥有呢？

昨天是一张作废的支票，明天是一张期票，而今天是你唯一拥有的现金，只有好好把握今天，明天才会更美好，更光明。过去的已经过去，不要为打翻的牛奶而哭泣。

比过去更重要的是现在和将来

The present and the future is more important than the past

　　在新泽西州某个城市市郊的一座小镇上，一个由 26 个孩子组成的班级被安排在教学楼最里面一间光线昏暗的教室里。他们中所有的人都有过不光彩的历史：有人吸过毒，有人进过管教所，有一个女孩甚至在一年之内堕过 3 次胎。家长拿他们没办法，老师和学校也几乎放弃了他们。

　　就在这个时候，一个叫菲拉的女教师担任了这个班的辅导老师。新学年开始的第一天，菲拉没有像以前的老师那样，首先对这些孩子进行一顿训斥，给他们一个下马威，而是为大家出了一道题：

　　有 3 个候选人，他们分别是：

　　A 笃信巫医，有两个情妇，有多年的吸烟史，而且嗜酒如命。

　　B 曾经两次被赶出办公室，每天要到中午才起床，每晚都要喝大约 1 公升的白兰地，而且有吸食鸦片的记录。

　　C 曾是国家的战斗英雄，一直保持素食习惯，热爱艺术，偶尔喝点酒，年轻时从未做过违法的事。

　　菲拉给孩子们的问题是：如果我告诉你们，在这 3 个人中，有一位会成为众人敬仰的伟人，你们认为会是谁？猜想一下，这 3 个人将来各自会有什么样的命运？

　　对于第一个问题，毋庸置疑，孩子们都选择了 C；对于第二个问题，大家的推论也几乎一致：A 和 B 将来的命运肯定不妙，要么成为罪犯，要么就是需要社会照顾的废物。而 C 呢，一定是一个品德高尚的人，注定会成为精英。

然而，菲拉的答案却让人大吃一惊。"孩子们，你们的结论也许符合一般的判断，但事实是，你们都错了。这 3 个人大家都很熟悉，他们是"二战"时期的 3 个著名人物——A 是富兰克林·罗斯福，他身残志坚，连任 4 届美国总统；B 是温斯顿·丘吉尔，英国历史上最著名的首相；C 的名字大家也很熟悉，他叫阿道夫·希特勒，一个夺去了几千万无辜生命的法西斯元首。"学生们都呆呆地瞅着菲拉，他们简直不相信自己的耳朵。

"孩子们，"菲拉接着说，"你们的人生才刚刚开始，以往的过错和耻辱只能代表过去，真正能代表一个人一生的，是他现在和将来的所作所为。每个人都不是完人，连伟人也有过错。从过去的阴影里走出来吧，从现在开始，努力做自己最想做的事情，你们都将成为了不起的优秀人才……"

菲拉的这番话，改变了 26 个孩子一生的命运。如今这些孩子都已长大成人，他们中有的做了心理医生，有的做了法官，有的做了飞机驾驶员。值得一提的是，当年班里那个个子最矮也最爱捣乱的学生罗伯特·哈里森，后来成了华尔街上最年轻的基金经理人。

"原来我们都觉得自己已经无可救药，因为所有的人都这么认为。是菲拉老师第一次让我们觉醒：过去并不重要，我们还可以把握现在和将来。"孩子们长大后这样说。

过去的错误不可能影响我们的一生。如果我们一直带着对过去的愧疚，就没有办法开创美好的未来。

在责骂中快速成长
Grow in blame

　　无论是在工作中，还是在生活中，如果有人责骂我们，我们的心中常常会觉得不舒服，甚至会怨恨对方。但反过来想，责骂并不是我们想象中那样总是带给我们伤痛，你会收到想象不到的快速成长。

　　福富做服务生的时候，经常被老板毛利先生责骂，开始的时候他心里很不舒服，常常会暗地里抱怨，可是时间长了，他发现自己每次挨了责骂后都会得到一些启示，学会一些事情，所以福富当时总是"主动地"寻找挨骂。

　　只要遇见了毛利先生，福富决不会像其他怕麻烦的服务生一样逃之夭夭，他会掌握机会，立刻趋身向前，向毛利先生打招呼，并请教说："早安！请问我有什么地方需要

改进？"这时，毛利先生便会对他指出许多需要注意的地方，福富在聆听完训话之后，必定马上遵照他的指示改正缺点。

福富之所以殷勤地主动到毛利先生面前请教，是因为他深知年轻资浅的服务生很难有机会和老板交谈，只有如此把握机会，别无他法。而且向老板请教，通常正是老板在视察自己工作的时候，这就是向老板推销自己的最佳时机。所以，毛利先生对福富的印象深刻，对福富有所指示时，也总是亲切地直呼他的名字，告诉福富什么地方需要注意。

他就这样每天主动又虚心地向他请教，持续了两年。有一天，毛利先生对福富说："我观察了很长时间，发现你工作相当勤勉，值得鼓励，所以明天开始我聘请你当经理。"就这样，19岁的服务生一下子便晋升为经理。

被人指责训诲，就是在接受另一种形式的教育。如果没有一番内心上的刺激，我们往往会变得懈怠，容易随波逐流。

何况，"有则改之，无则加勉"，不正是老祖宗留给我们的最好的智慧吗？

祸兮福所倚

在人们看来往往悲惨的局面，却被命运安排成了大捷的前奏。许多时候，眼前的悲惨并不是最终的结果，只有等到所有事情结束，真实才会凸显出来。

一天夜里，一场雷电引发的山火烧毁了美丽的"万木庄园"，这座庄园的主人迈克陷入了一筹莫展的境地。面对如此大的打击，他痛苦万分，闭门不出，茶饭不思，夜不能寐。

转眼间，一个多月过去了，年已古稀的外祖母见他还陷在悲痛之中不能自拔，就意味深长地对他说："孩子，庄园成了废墟并不可怕，可怕的是，你的眼睛失去了光泽，一天一天地老去。一双老去的眼睛，怎么能看得见希望呢？"

迈克在外祖母的劝说下，决定出去转转。他一个人走出庄园，漫无目的地闲逛。在一条街道的拐弯处，他看到一家店铺门前人头攒动。原来是一些家庭主妇正在排队购买木炭。那一块块躺在纸箱里的木炭让迈克的眼睛一亮，他看到了一线希

138

望，急忙兴冲冲地向家中走去。在接下来的两个星期里，迈克雇了几名烧炭工，将庄园里烧焦的树木加工成优质的木炭，然后送到集市上的木炭经销店里。很快，木炭就被抢购一空，他因此得到了一笔不菲的收入。他用这笔收入购买了一大批新树苗，一个新的庄园初具规模了。

几年以后，"万木庄园"再度绿意盎然。

眼前的悲惨，不过是命运给懦弱的人制造的一种假象，只有有勇气跨出的人，才能品味到真正甜美的果实。成功是从无数挫折和失败中建立起来的，它不仅是一种结果，更是一种不怕失败、永不屈服的能力。

葡萄酒里的法国庄园
The French Manor

哪里有庄园，哪里就能闻到葡萄酒的醇香，这是只适用于法国的庄园定律。

1. 普罗旺斯的酒庄

17世纪和18世纪整整两个世纪，普罗旺斯葡萄酒都是法兰西国王最欣赏的美酒。19世纪，普罗旺斯出产的葡萄酒都被冠以"Cote de Provence"之名，焕发出越来越旺盛的生命力，于20世纪的时候，为世人所知并珍藏。

2. 勃艮第的庄园

勃艮第，和波尔多一起号称法国最著名的两大葡萄酒产区。在这里，居民世代皆以种植葡萄，酿造葡萄酒为生，在悠长的岁月中形成各自不同风味的酒庄，也形成了与其他地方风格不同的葡萄庄园特色。

3. 波尔多的庄园

波尔多是法国的港口城市，是法国酒庄数目最多的地区，也是全世界红葡萄酒最常见的发源地。

4. 拉斐酒庄

在世界上各国各地，各门各派的酒庄中，最出名的应算是法国波尔多菩依乐村的拉菲酒庄了。拉菲酒庄坐落在法国波尔多波亚克区菩依乐村北方的一个碎石山丘上，气候土壤条件得天独厚。

从失败中收获智慧
Wisdom usually grows out of failure

爱因斯坦被带到普林斯顿高级研究所办公室的那天，管理人员问他需要什么工具。爱因斯坦回答说："我看，一张桌子或台子，一把椅子和一些纸张钢笔就行了。啊，对了，还要一个大废纸篓。"

"为什么要大的？"

"好让我把所有的错误都扔进去。"

的确，犯错不可怕，只要不犯相同的错误就是一种进步。每个人都不希望出错，并害怕出错，自小师长便教导人们犯错是不好的事，会使自己失去亲朋的疼爱。这种教育常常使人们不能正确地对待错误，不能接受对错误的批评。这很不利于纠正错误，从错误中学习。

当我们受到批评时，不必感到失望、不平或愤怒，而应把精力用来制订一项明确的计划，以平息批评，重新起步。与有关的人共同研究你的计划，不要浪费时间和精力彼此抱怨，应该共同努力，解决问题。

错误本身并不可怕，可怕的是错得没有价值。一个人虽然犯了点小错误。但如果他能总结失败的教训，知道自己为什么失败，并不再犯更大的甚至是致命的错误，则错误对他来说比成功的经验还重要。而这种教训的总结会让他成为一个智者，更好地去面对我们所生活的这个世界。

Part 8

得失相依，
在舍弃中获得

One cannot make an omelet without breaking eggs

成功的花

人们只惊慕她现时的明艳！

然而当初她的芽儿

浸透了奋斗的泪泉

洒遍了牺牲的血雨

舍弃，是为了加倍获得
Give up in order to get more

　　英国退役军官迈克莱恩，曾是一名探险队员。1976 年，他随英国探险队成功登上珠穆朗玛峰。而在下山的路上，却遇上了狂风大雪。每行一步都极其艰难，最让他们害怕的是，风雪根本就没有停下的迹象。

　　这时，他们的食品已为数不多，如果停下来扎营休息，他们很可能在没有下山之前，就会被饿死；如果继续前行，大部分路标早已被大雪覆盖，不仅要走许多弯路，而且，每个队员身上所带的增氧设备及行李等物，会压得他们喘不过气来，这样下去就会步履缓慢，他们不饿死，也会因疲劳而倒下。

　　在整个探险队陷入迷茫的时候，迈克莱恩率先丢弃所有的随身装备，只留下不多的食品，轻装前行。

　　他的这一举动几乎遭到所有队员的反对，他们认为现在离下山最快也要十天时间。这就意味着这十天里不仅不能扎营休息，还可能因缺氧而使体温下降，冻坏身体。那样，他们的生命，将是极其危险的。

　　而对队友的顾忌，迈克莱恩很坚定地告诉他们："我们必须而且只能这样做，这样的雪山天气十天半月都有可能不会好转，再拖延下去，路标也会被全部掩埋，丢掉重物，就

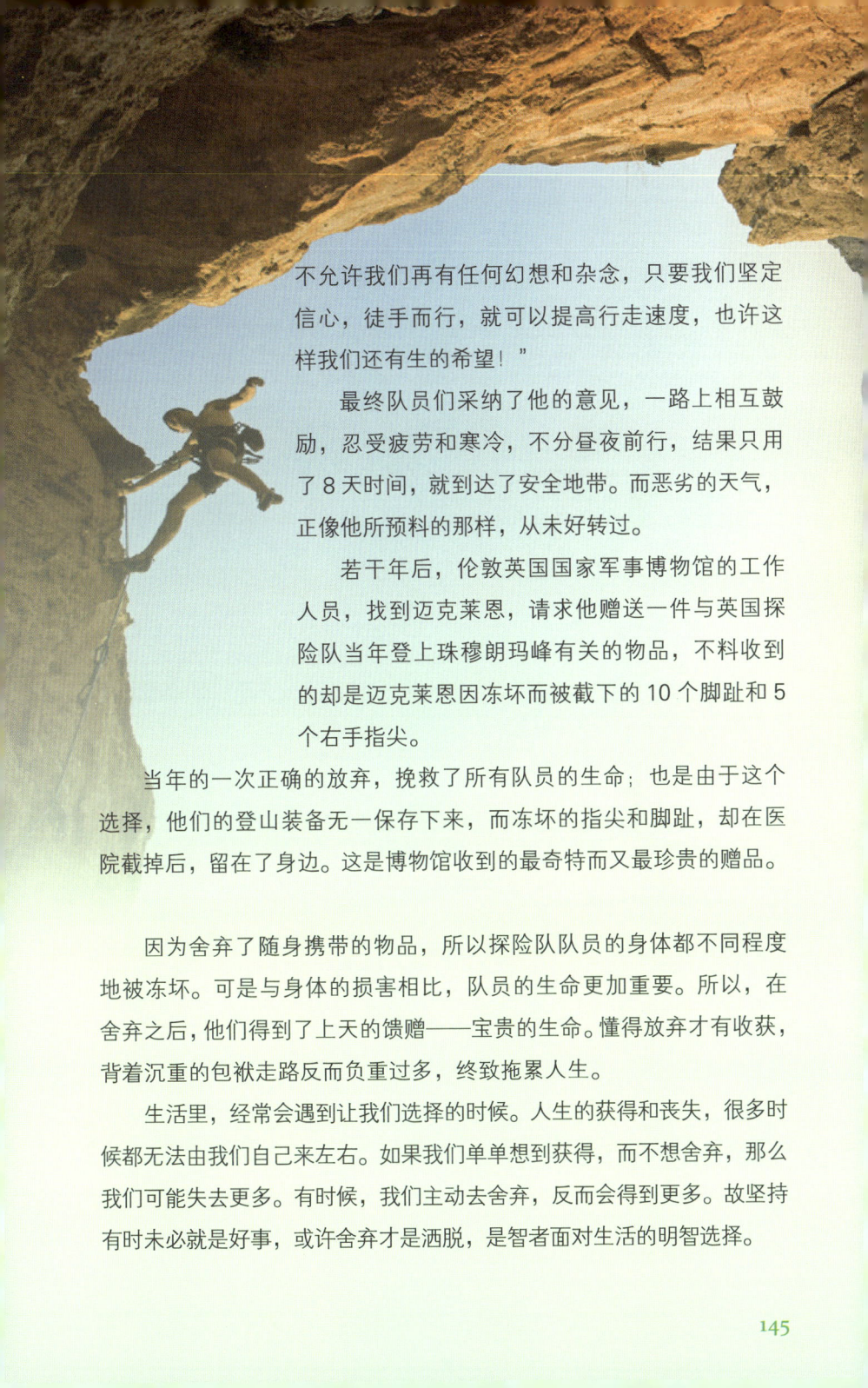

不允许我们再有任何幻想和杂念，只要我们坚定信心，徒手而行，就可以提高行走速度，也许这样我们还有生的希望！"

最终队员们采纳了他的意见，一路上相互鼓励，忍受疲劳和寒冷，不分昼夜前行，结果只用了 8 天时间，就到达了安全地带。而恶劣的天气，正像他所预料的那样，从未好转过。

若干年后，伦敦英国国家军事博物馆的工作人员，找到迈克莱恩，请求他赠送一件与英国探险队当年登上珠穆朗玛峰有关的物品，不料收到的却是迈克莱恩因冻坏而被截下的 10 个脚趾和 5 个右手指尖。

当年的一次正确的放弃，挽救了所有队员的生命；也是由于这个选择，他们的登山装备无一保存下来，而冻坏的指尖和脚趾，却在医院截掉后，留在了身边。这是博物馆收到的最奇特而又最珍贵的赠品。

因为舍弃了随身携带的物品，所以探险队队员的身体都不同程度地被冻坏。可是与身体的损害相比，队员的生命更加重要。所以，在舍弃之后，他们得到了上天的馈赠——宝贵的生命。懂得放弃才有收获，背着沉重的包袱走路反而负重过多，终致拖累人生。

生活里，经常会遇到让我们选择的时候。人生的获得和丧失，很多时候都无法由我们自己来左右。如果我们单单想到获得，而不想舍弃，那么我们可能失去更多。有时候，我们主动去舍弃，反而会得到更多。故坚持有时未必就是好事，或许舍弃才是洒脱，是智者面对生活的明智选择。

高耸入云的珠穆朗玛峰一直是攀登者的圣地。自 1953 年 5 月 29 日人类首登珠峰成功之后，世界各地许多登山者都在珠峰顶上留下了脚印。

1921 年——第一支英国登山队在查尔斯·霍华德·伯里中校的率领下开始攀登珠穆朗玛峰，到达海拔 7000 米处。

1922 年——第二支英国登山队使用供氧装置到达海拔 8320 米处。

1924 年——第三支英国登山队攀登珠穆朗玛峰时，乔治·马洛里和安德鲁·欧文在使用供氧装置登顶过程中失踪。马洛里的遗体于 1999 年在海拔 8150 米处被发现，而他随身携带的照相机失踪，故无法确定他和欧文是否是登顶成功的世界第一人。

1953 年 5 月 29 日——来自新西兰的 34 岁登山家艾德蒙·希拉瑞作为英国登山队队员与尼泊尔 39 岁的向导丹增·诺尔盖一起沿东南山脊路线登上珠穆朗玛峰，是有记录的第一个登顶成功的登山队伍。

1956 年——以阿伯特·艾格勒为首的瑞士登山队在人类历史上第二次登上珠穆朗玛峰。（有准确记录以来）

1960 年 5 月 25 日——中国人首次登上珠穆朗玛峰。他们是王富洲、贡布、屈银华。此次攀登，也是首次从北坡攀登成功。

1963 年——以诺曼·迪伦弗斯为首的美国探险队首次从西坡登顶成功。

1975 年——日本人田部井淳子成为世界上首位从南坡登上珠穆朗玛峰的女性。

是年，中国登山队第二次攀登珠峰，9 名队员登顶。其中藏族队员潘多成

为世界上第一位从北坡登顶成功的女性。

1978 年——奥地利人彼得·哈贝尔和意大利人赖因霍尔德·梅斯纳首次未带氧气瓶登顶成功。

1980 年——波兰登山家克日什托夫·维里克斯基第一次在冬天攀登珠穆朗玛峰成功。

1988 年——中国、日本、尼泊尔三国联合登山队首次从南北两侧双跨珠穆朗玛峰成功。

1996 年——包括著名登山家罗布·哈尔在内的 15 名登山者在登顶过程中牺牲，是历史上攀登珠穆朗玛峰牺牲人数最多的一年。

1998 年——美国人汤姆·惠特克成为世界上第一个攀登珠穆朗玛峰成功登顶的残疾人。

2000 年——尼泊尔著名登山家巴布·奇里从大本营出发由北坡攀登，耗时 16 小时 56 分登顶成功，创造了登顶的最快纪录。

2001 年——美国人维亨迈尔成为世界上首个登上珠穆朗玛峰的盲人。

2003 年——纪念人类首次成功攀登珠穆朗玛峰五十周年。

2005 年——中国第四次珠峰地区综合科考高度测量登山队成功攀登珠峰并测量珠峰高度数据。

让记忆学会选择

在每个人或长或短的一生中，都会经历很多的事情，其中有愉快的，也有不愉快的。如果我们把这些事情都装在脑海里，无疑是一种沉重的负担，智者懂得做适当的选择，记住那些愉快的，忘记那些使自己忧虑、不开怀的事情。

阿拉伯著名作家阿里，有一次与吉伯、马沙两位朋友一同出外旅行。

三人行经一处山舍时，马沙失足滑落，眼看就要丧命，机灵的吉伯拼命拉住了他的衣襟，将他救起。为了永远记住这一恩德，动情的马沙在附近的大石头上用力镌刻下这样一行字："某年某月某日，吉伯救了马沙一命。"

于是三人继续前进，不几日来到一处河边。可能因为长途旅行的疲劳使吉伯跟马沙为了一件小事吵起来了，吉伯一气之下打了马沙一耳光，马沙被打得火星直冒。然而他没有还手，却一口气跑到了沙滩上，仍然用很大力气在沙滩上写下一行字："某年某月某日，吉伯打了马沙一记耳光。"

这以后，旅行很快结束了。回到家乡，阿里怀着好奇心问马沙："你为什么要把吉伯救你的事刻在石头上，而把打你耳光的事写在沙滩上？"

　　马沙平静地回答："我将永远感激并永远记住吉伯救过我的命，至于他打我的事，我想让它随着沙子的流动忘记得一干二净。"

　　忘记是人的天性。一生中，我们要经历许多事情，要相识相交许多人。而心灵像极了一个筛子，在世事沧桑颠沛变换之中，会遗漏许多人。不过，对于智者来说，他们忘记的是别人的不足和过错，他们不会刻意去记恨一个人，而他们记住的却是别人的好和善，并时时怀着一颗感恩的心。这样，他们过的将是一种宽恕和大气的生活。

我们所要讲的，不仅仅是一个包、一双鞋、一个首饰的外在品，而是一种生活态度：不是穿给别人看的，而是自己使用的。

1.Leica Camera

1913 年问世的莱卡相机，是最保值也是最具收藏价值的相机。一台莱卡 0 系列 Nr.107 相机竞拍价高达 130 万欧元（约 1200 万元人民币）。

2.Dornbracht

德国"当代"水龙头品牌 1950 年问世，一直被认为是水龙头中的"劳斯莱斯"，一套售价约 4.5 万元人民币。

3.Montblanc

万宝龙书写笔 1906 年问世，很多产品都嵌有钻石，2010 年年初的祖母绿限量版售价为 150 万美元（约人民币 930 万元人民币）。

4.Burmester Audiosysteme

"柏林之声"音响品牌 1978 年创立，是德国最具代表性的音响品牌之一。全套旗舰音响组合售价超过了 200 万元人民币。

5.Meissen

麦森瓷器 1710 年诞生，深受欧洲王室、贵族青睐，西西公主当年收藏的麦森瓷器，价值千万欧元，现在限量版的茶壶售价为 15 万欧元（约人民币 123 万元）。

6.Jan Kath

2011 年才成立的地毯品牌，产品为手工制作，平均制作时间需要 3~4 个月，售价在每平方米 7000 元到 3 万元不等。

7.Walter Knoll

德国最早的家具品牌，1900 年成为皇家家居装潢供应商。一套组合沙发 1.3 万欧元（约人民币 11 万元），一个书桌 3.3 万欧元（约人民币 27 万元）。

8.Gaggenau Hausgeräte

嘉格纳品牌创立于 1683 年，其生产的顶级厨具产品包括 4.2 万元的全自动咖啡机、7.2 万元的烤箱、36 万元的酒柜等。

9.Faber-Castell

辉柏嘉公司 1761 年成立，是德国书写工具生产商，拥有全球最大的铅笔工厂，所用铅笔木材和钢琴小提琴的木材一致。其 250 周年纪念木箱套装售价约 1.3 万元人民币。

10.C. Bechstein Pianofortefabrik

1853 年的贝希斯坦顶级手工钢琴，曾为维多利亚女王提供钢琴，是最优秀的乐器品牌之一。其全球限量的 Louis XV 钢琴，售价为 2000 万元人民币。

再长久的名声也是短暂的
Glory is fleeting

居里夫人因取得了巨大的科学成就而闻名天下，她一生获得各种奖项多次，各种奖章 16 枚，各种名誉头衔 117 个，但她对此全不在意。

有一天，她的一位女朋友来访，忽然发现她的小女儿正在玩一枚金质奖章，而那枚金质奖章正是大名鼎鼎的英国皇家学会刚刚颁给她的。这位朋友不禁大吃一惊，忙问："居里夫人，能够得到一枚英国皇家学会的奖章是极高的荣誉，你怎么能给孩子玩呢？"

居里夫人笑了笑说："我是想让孩子从小就知道，荣誉就像玩具，只能玩玩而已，决不能永远守着它，否则将一事无成。"

纵观所有朝代和国家，不管生前有多么大的丰功伟绩，短暂的一生还是很快就走到尽头。只有看淡名利，明白生而为人，应该肩负起什么样的责任，才能拥有真正的成就。他们甘于寂寞，甘于平凡，可正是沉默的他们，换来了世界的一次又一次成长。

　　玛丽亚·斯克沃多夫斯卡·居里(1867—1934)，原籍波兰，法国著名科学家、物理学家、化学家。1867 年 11 月 7 日生于波兰首都华沙，1891 年随姐姐布洛尼斯拉娃至巴黎读书。在巴黎取得学位并从事科学研究，为巴黎和华沙"居里研究所"的创始人。

　　1903 年，居里夫妇和贝克勒尔由于对放射性的研究而共同获得诺贝尔物理学奖，1911 年居里夫人又因发现钋和镭而获得诺贝尔化学奖，成为历史上第一个两获诺贝尔奖的人。玛丽·居里的成就包括开创了放射性理论，发明分离放射性同位素技术，以及于 12 月 21 日发现两种新元素钋和镭。在她的指导下，人们第一次将放射性同位素用于治疗癌症。由于长期接触放射性物质，居里夫人于 1934 年 7 月 3 日因恶性白血病逝世。在世界科学史上，玛丽·居里是一个永远不朽的名字。这位伟大的女科学家，以自己的勤奋和天赋，在物理学和化学领域，都做出了杰出的贡献，并因此而成为唯一在两个不同学科领域、两次获得诺贝尔奖的著名科学家。

急流之中敢于勇退
Get out now

人们习惯于对爬上高山之巅的人顶礼膜拜，把上山的人看作是偶像、英雄，却很少将目光投放在下山的人身上。这是人之常理，但是实际上，能够及时主动从光环中隐退的下山者也是"英雄"。

40岁那年，欧文从人事经理被提升为总经理。3年后，他"开除"自己，舍弃"总经理"的头衔，改任没有实权的顾问。正值人生最巅峰的阶段，欧文却奋勇地从急流中跳出，他的说法是："我不是退休，而是转进。"

"总经理"3个字对多数人而言，代表着财富、地位，是事业身份的象征。然而，短短3年的总经理生涯，令欧文感触颇深的，却是诸多的"无可奈何"与"不得而为"。他全面地打量自己，他的工作确实让他过得很光鲜，然而，除了让他每天疲于奔命，穷于应付之外，他其实活得并不开心。

这个想法，促使他决定辞职。

"人要回到原点，才能更轻松自在。"他说。

辞职以后，司机、车子一并还给公司，应酬也减到最低。不当总经理的欧文，感觉时间突然多了起来，他把大半的精力拿来写作，抒发自己在广告领域多年的观察与心得。

"我很想试试看，人生是不是还有别的路可走。"他笃定地说。事实上，欧文在写作上很有天分，而且多年的职场经历给他积累了大量的素材。现在欧文已经是某知名杂志的专栏作家，期间还完成了两本管理学著作，欧文迎来了他的第二个人生辉煌。

　　唯有离开自己当主角的舞台，才能防止自我膨胀。虽然，失去掌声令人惋惜，但往好的一面看，"隐退"就是进行深层学习，一方面挖掘自己的阴影，一方面重新上发条，平衡日后的生活。当你志得意满的时候，是很难想象没有掌声的日子的。但如果你要获得持久的掌声，就要懂得享受"隐退"。

学会在逼仄中弯腰和侧身
Learn to bend over in the narrow road

孟买佛学院是印度最著名的佛学院之一，这所佛学院的特点是建院历史悠久，培养出了许多著名的学者。还有一个特点是其他佛学院所没有的，就是一个极其微小的细节。但是，所有进入过这里的人，当他们再出来的时候，无一例外地承认，正是这个细节使他们顿悟，正是这个细节让他们受益无穷。

这是一个被很多人忽视的细节：孟买佛学院在它正门的一侧，又开了一个小门，这个门非常小，一个成年人要想过去必须弯腰侧身，否则就会碰壁。

其实这就是孟买佛学院给它的学生上的第一堂课。所有新来的人，老师都会引导他到这个小门旁，让他进出一次。很显然，所有的人都是弯腰侧身进出的，尽管有失礼仪和风度，却达到了目的。

　　老师说，大门虽然能够让一个人很体面很有风度地出入。但很多时候，人们要出入的地方，并不是都有方便的大门，或者，即使有大门也不是可以随便出入的。这时，只有学会了弯腰和侧身的人，只有暂时放下面子和虚荣的人，才能够出入。否则，你就只能被挡在院墙之外。佛家的哲学，原来就在这个小门里。

　　人生之旅，坎坷多多，难免直面矮檐，遭遇逼仄。弯曲，是一种人生智慧，在生命不堪重负之时，适时适度地低一下头，弯一下腰，抖落多余的负担，才能够走出屋檐而步入华堂，避开逼仄而迈向辽阔。

　　世间万物都在变。没有变化，就会落后，就无法生存。事变我变，人变我变，适者方可生存。很多人之所以处处碰壁，最重要的原因就是不能适应这个变化的世界。

"不可能"是自己给自己的咒语

"Impossible" is the mantra of yourself

在自然界中，有一种十分有趣的动物，叫作大黄蜂。曾经有许多生物学家、物理学家、社会行为学家联合起来研究这种生物。

根据生物学的观点，所有会飞的动物，必然是体态轻盈、翅膀十分宽大的，而大黄蜂这种生物的状况，却正好跟这个理论反其道而行。大黄蜂的身躯十分笨重，而翅膀却出奇地短小，依照生物学的理论来说，大黄蜂是绝对飞不起来的。无独有偶，物理学家认为，大黄蜂的身体与翅膀的比例，根据流体力学的观点，同样是绝对没有飞行的可能的。简单地说，大黄蜂这种生物，是根本不可能飞得起来的。

可是，在大自然中，只要是正常的大黄蜂，却没有一只是不能飞的，甚至于它飞行的速度，并不比其他能飞的动物慢。

这种现象，仿佛是大自然和科学家们开了一个很大的玩笑。最后，社会行为学家找到了这个问题的答案。很简单，那就是——大黄蜂根本不懂"生物学"与"流体力学"。每一只

大黄蜂在它成熟之后，就很清楚地知道，它一定要飞起来去觅食，否则必定会活活饿死！这正是大黄蜂之所以能够飞得那么好的奥秘。由此可见，这世上没有绝对的"不可能"，只要敢于拼搏，一切皆有可能。

年轻的时候，卡耐基想成为一名作家。要达到这个目的，他知道自己必须精于遣词造句，词典将是他的工具。但由于他小的时候很穷，接受的教育并不完整，因此"善意的朋友"就告诉他，说他的雄心是"不可能"实现的。

年轻的卡耐基存钱买了一本最好的、最完全的、最漂亮的词典，他所需要的字都在这本词典里，而他对自己的要求是要完全了解和掌握这些词。他做了一件奇特的事，他找到"impossible"（不可能）这个词，用小剪刀把它剪下来，然后丢掉。于是他有了一本没有"不可能"的词典。以后他把整个事业建立在这个前提上，那就是对一个要成长，而且超过别人的人来说，没有任何事情是不可能的。

奇迹在任何时候都可能发生。纵观历史上成就伟业的人，往往并非那些幸运之神的宠儿，而是那些将"不可能"和"我做不到"这样的字眼从他们的词典以及脑海中连根拔去的人。

享受生活
Enjoy Life

一、用相机拍下多彩生活

把幸福记忆封存起来，而幸福是种感觉，生活中的点点滴滴凝聚成的一种感觉，每一天的平淡生活中承载的都是满满的幸福。想要把这些幸福的瞬间都记录下来吗？最简单、最直观的方法就是用相机拍下来。

你可以选择带上相机和家人出游，拍下每个人在广阔的天地中真性情的一面，每一个表情，每一种形态，都是真情流露。

如果不想出去，在家里也能拍摄，不要认为太过家居化的环境就没有拍摄的价值，其实我们要留下的就是这种最最平常最最普通的家居幸福片段。

生活本来平凡，而平凡的生活中却存在很多感动和激情，却往往被我们忽略。其实你想做任何一件事，只要是你喜欢并且积极去做，形式并不重要，随意随性才是我们应该追求的生活态度。

二、给自己拍一组生活照

生活充满着无限的乐趣，懂得享受生活，才不枉此生。

生活有这么多感动，有这么多值得纪念的东西，我们应该找个机会和方式好好做个珍藏，找一个朋友和你合作，就拍一组极其生活化的照片。你可以

多换几套衣服，感觉就像在不同的时候，在家里，穿上你平时的家居服，你吃早餐的样子，在厨房里忙碌的样子，打扫屋子的样子，晚上就寝前的样子，这些统统都可以照下来。你还可以和你的家人合影，像平时一样，一家人围坐在一起，话话家常，看看电视，和乐融融，用相机拍下最真实的样子。

在工作单位，拍下自己为完成工作任务专注的神情；在其他场所，大街上，公园里，你平时娱乐的场所，就要表现你开怀的一面；放开自己，尽情玩乐，表现你最为爽朗的一面，让相机记录下你率真的快乐生活。

一场与皮草的约会
Fur Designer

越来越多像 Vera Wang、Jason Wu 等华裔设计师的服装设计受到时装界和大众的关注。今年 30 岁的华裔设计师 Brandon Sun 先后在两家久负盛名的美国奢侈品牌 J.Mendel 和 Oscar de la Renta 从事设计工作，首次在纽约时装周发表作品的就运用皮草，打造出兼顾奢华和实用的皮草时装。在担任 Oscarde la Renta 皮草设计总监期间成功地将自己现代先锋的风格融入到了这一美国最经典的品牌世界，并为 Neiman Marcus 独家推出了皮草时装系列。

Brandon Sun 是一位将奢华与现代简约完美融合的设计大师，他以千变万化的创作，为皮草概念开辟了崭新的视角。在这次设计中，Brandon Sun 运用小面积和大面积不同方式的堆积，以及不同材质、色泽的皮草与羊毛、丝绸等材质拼接在一起，以暖色系为主，让皮草不仅仅局限在奢华印象中，反而更简单利落，突显女性独立自主的一面。

Brandon Sun 钟爱活力四射的红色，不同饱和度的红与白色、蓝色、粉色相互交织出不同的图案；图案的焦点是格纹，大大小小的格纹在颜色组合的烘托下，更具律动的变化；特显他对设计的驾驭能力。

推开那扇虚掩的门
Push the unlocked door

1968 年，在墨西哥奥运会的百米赛场上，美国选手海恩斯撞线后，激动地看着运动场上的计时牌。当指示器打出 9.9 秒的字样时，他摊开双手，自言自语地说了一句话。

后来，有一位叫戴维的记者在回放当年的赛场实况时再次看到海恩斯撞线的镜头，这是人类历史上第一次在百米赛道上突破 10 秒大关。看到自己破纪录的那一瞬，海恩斯一定说了一句不同凡响的话，但这一新闻点，竟被现场的 400 多名记者疏忽了。因此，戴维决定采访海恩斯，问问他当时到底说了一句什么话。

戴维很快找到海恩斯，问起当年的情景，海恩斯竟然毫无印象，甚至否认当时说过什么话。

戴维说："你确实说了，有录像带为证。"海恩斯看完戴维带去的录像带，笑了。他说："难道你没听见吗？我说：'上帝啊，那扇门原来是虚掩的。'"谜底揭开后，戴维对海恩斯进行了深入采访。

自从欧文斯创造了 10.3 秒的成绩后，曾有一位医学家断言，人类的肌肉纤维所承载的运动极限，不会超过每秒 10 米。

海恩斯说："30 年来，这一说法在田径场上非常流行，我也以为这是真理。但是，我想，自己至少应该跑出 10.1 秒的成绩。每天，我以最快的速度跑 5 公里，我知道百米冠军不是在百米赛道上练出来的。当我在墨西哥奥运会上看到自己 9.9 的纪录后，惊呆了。原来，10 秒这个门不是紧锁的，而是虚掩的，就像终点那根横着的绳子一样。"

　　有时候，限制我们的，不是别人拴在我们身上的锁链，而是我们自己为自己设置的那个局限。高度并非无法超越，只是我们无法超越自己思想的限制，更没有人束缚我们，只是我们自己束缚了自己。

　　命运的门总是虚掩的，它会给我们留下一道开启的缝隙，可是我们情愿相信那是一堵不可穿越的墙。于是，我们独特的创意被自己抹杀，开始向环境低头，甚至开始认命、怨天尤人。

　　其实，面对人生，你还有一种不同的选择。你可以当机立断，运用我们内在的能力，当下立即挣开消极习惯的捆绑，改变自己所处的环境，投入到另一个崭新、积极的领域中，使自己的潜能得以发挥。

Part 9

只要仰起头，
就能看见生命的光晕

You can see the light of life when you raise your head

海岛天空的颜色
就像梦想那般耀眼

生活是玫瑰，苦难也芬芳
Life is a rose, suffering may be sweet

　　逆境也可以说是一种挫折，面对挫折时我们不要退缩，更不要埋怨挫折对你无休止的磨难，要学会用心灵打磨挫折，用热情去迎接挫折，用坚韧不拔的意志去战胜挫折。

　　很多时候，我们会发现，在经历了苦难之后，我们的心开始变得勇敢，我们的意志开始变得坚强。

　　有一个男孩4岁时由于患上了麻疹和可怕的昏厥症，使他险些丧命；儿童时期，曾经患上严重肺炎；中年时口腔疾病严重，口舌糜烂，满口疮痍，只好拔掉所有牙齿，紧接着又染上了可怕的眼疾，他几乎不能够凭视觉行走；50岁后，相继发作的关节炎、肠道炎、喉结核等多种疾病吞噬着他的肌体；后来，他完全不能发出声音。只能由儿子凭他的口型翻译他的思想，57岁那年，他离开了人世。

　　他从4岁时便开始与苦难为伍，直到死时依然没能摆脱苦难的纠缠，但是苦难并没有使他低头，相反，他却在苦难中脱颖而出，他是怎么做的？他最终得到了什么？

　　他长期闭门不出，把自己禁闭起来，疯狂地每天练10个小时的琴，忘记了饥饿与死亡。在13岁时，他过着流浪的生活，开始周游各地，除了身上的一把琴，他一无所有。同时，他坚持学习作曲与指挥艺术，付出艰辛的精力与汗水，创作出了《随想曲》《无穷动》《女妖舞》

和 6 部小提琴协奏曲及许多吉他演奏曲。

15 岁时，他成功举办了一次举世震惊的音乐会，使他一举成名。他的名声传遍英、法、德、意、奥、捷等很多国家。

帕尔玛首席提琴家罗拉听到了他的演奏惊异得从病床上跳下来，木然而立。维也纳一位听到他的琴声的人，以为是一支乐团在演奏，当得知台上是他一人的独奏时，便大叫着："他是一个魔鬼！"匆匆逃走。卢卡共和国宣布他为首席小提琴家。他就是世界超级小提琴家帕格尼尼，苦难没有打倒他，相反，他在苦难中成长为音乐界巨人。

也许生活是有缺陷，但生活的意义却是给人们同样的机会，有信心和勇气去争取，就会战胜自身的缺陷，在困顿中找到生活的意义。

感谢苦难，感谢那曾经带给我们无限痛苦的命运女神。

无论一个人多么不幸，无论生活有多么难，只要心中有希望，就一定能走出阴霾。

帕格尼尼（Niccolo Paganini，1782.10.27——1840.5.27），意大利小提琴演奏家、作曲家，属于欧洲晚期古典乐派，早期浪漫乐派音乐家。他是历史上最著名的小提琴大师之一，对小提琴演奏技术进行了很多创新。他的技巧影响了后来的小提琴作品，也影响了钢琴的技巧和作品。1805年他担任卢加宫廷乐队小提琴独奏家。1825年后，他足迹遍及维也纳、德国、巴黎和英国，他还会演奏吉他和中提琴。在他的《二十四首随想曲》中，表现了高超的技巧。1840年5月27日夜，这位被誉为"小提琴之神"和"音乐之王"的人离开了人世，年仅58岁。他的作品有《bE大调协奏曲》《二十四首随想曲》《女巫之舞》《无穷动》《威尼斯狂欢节》《军队奏鸣曲》《拿破仑奏鸣曲》《爱的场面》《魔女》《D大调小提琴协奏曲》。另外，还有吉他曲200首，以及各种室内乐曲。

现在就行动
Act now

想实现自己的梦想，就要勇敢地面对挑战，做一个生活的攀登者，只有这样才能攀上顶峰，欣赏到无限的风景。有时候，白眼、冷遇、嘲讽会让弱者低头走开，但对强者而言，这也是另一种幸运和动力。

她从小就"与众不同"，因为小儿麻痹症，不要说像其他孩子那样欢快地跳跃奔跑，就连平常走路都做不到。寸步难行的她非常悲观和忧郁，随着年龄的增长，她的自卑感越来越重，甚至，她拒绝所有人的靠近。但也有个例外，邻居家那个只有一只胳膊的老人却成为她的好伙伴。老人是在一场战争中失去一只胳膊的，老人非常乐观，她非常喜欢听老人讲故事。

这天，她被老人用轮椅推着去附近的一所幼儿园，操场上孩子们动听的歌声吸引了他们。当一首歌听完，老人说道："我们为他们鼓掌吧！"她吃惊地看着老人，问道："我的胳膊动不了，你只有一只胳膊，怎么鼓掌啊？"

老人对她笑了笑，解开衬衣扣子，露出胸膛，用手掌拍起了胸膛……那是一个初春，风中还有几分寒意，但她却突然感觉自己的身体里涌动起一股暖流。老人对她笑了笑，说："只要努力，一个巴掌一样可以拍响。你一样能站起来的！"

那天晚上，她让父亲写了一张纸条，贴到了墙上，上面是这样的

一行字：“一个巴掌也能拍响。”

从那之后，她开始配合医生做运动。无论多么艰难和痛苦，她都咬牙坚持着。有一点进步了，她又以更大的受苦姿态，来求更大进步。甚至在父母不在时，她自己扔开支架，试着走路。蜕变的痛苦是牵扯到筋骨的。她坚持着，她相信自己能够像其他孩子一样行走，奔跑。她要行走，她要奔跑……

11岁时，她终于扔掉支架，她又向另一个更高的目标努力着，她开始锻炼打篮球和参加田径运动。1960年罗马奥运会女子100米跑决赛，当她以11秒18第一个撞线后，掌声雷动，人们都站起来为她喝彩，齐声欢呼着这个美国人的名字：威尔玛·鲁道夫。

那一届奥运会上，威尔玛·鲁道夫成为当时世界上跑得最快的女人，她共摘取了3枚金牌，也是第一个黑人奥运女子百米冠军。

生活中，我们能够听到这样的话："立即干" "做得最好" "尽你全力" "不退缩" "我们能产生什么" "总有办法" "问题不在于假设，而在于它究竟怎样" "没做并不意味着不能做" "让我们干"。这些都是攀登者热爱的语言。他们是真正的行动者，他们总是要求行动，追求行动的结果，他们的语言恰恰反映了他们追求的方向。

心若在，梦就在
Dream is with your heart

从疾病中战胜病魔，从奄奄一息中战胜死亡，从逆境中战胜困难，这些都是真正的胜利。尽管在这个过程中，当事人的身体上可能要承受很大的痛苦，可是等到了胜利以后，那份来自精神上的喜悦，早已经让人们忘记了最初的疼痛。

1985 年，美国女孩辛蒂还在医科大学念书，有一次，她到山上散步，带回一些蚜虫。她拿起杀虫剂为蚜虫去除化学污染，却感觉到一阵痉挛，原以为那只是暂时性的症状，谁料她的后半生从此陷入不幸。

杀虫剂内所含的某种化学物质使辛蒂的免疫系统遭到破坏，使她对香水、洗发水以及日常生活中接触的一切化学物质一律过敏，连空气也可能使她的支气管发炎。这种"多重化学物质过敏症"，到目前为止仍无药可医。

起初几年，她一直流口水，尿液变成绿色，有毒的汗水刺激背部形成了一块块疤痕。她甚至不能睡在经过防火处理的床垫上，否则就会引发心悸和四肢抽搐。后来，她的丈夫用钢和玻璃为她盖了一所无毒房间，一个足以逃避所有威胁的"世外桃源"。辛蒂所有吃的、喝的都得经过选择与处理，她平时只能喝蒸馏水，食物中不能含有任何化学成分。

很多年过去了，辛蒂没有见到过一棵花草，听不见一声悠扬的歌声，感觉不到阳光、流水和风。她躲在没有任何饰物的小屋里，饱尝孤独之余，甚至不能哭泣，因为她的眼泪跟汗液一样也是有毒的物质。

然而，坚强的辛蒂并没有在痛苦中自暴自弃，她一直在为自己，同时更为所有化学污染物的牺牲者争取权益。1986 年，她创立了"环境接触研究网"，以便为那些致力于此类病症研究的人士提供一个窗口。1994 年辛蒂又与另一组织合作，创建了"化学物质伤害资讯网"，保证人们免受威胁。目前这一资讯网已有来自 32 个国家的 5000 多名会员，不仅发行了刊物，还得到美国、欧盟及联合国的大力支持。

在面对记者的采访时，她说："如果是曾经的苦难换回了今天的成绩，那么我所承受的一切痛苦都是值得的。"

上帝似乎很热衷这种游戏，即在经过了苦楚之后再赠人们甘甜。所以，如果我们的身体还在受苦，就应该提前释放自己的精神，用自己的思想指引行动，从而战胜一切的困难。而当我们实现了最终的胜利，得到了精神上的喜悦时，我们就会像辛蒂一样，对曾经承受的肉体上的苦难报以感谢了。

让命运见证奇迹
Miracle proves everything

当我们陷入生活低谷的时候，往往会招致许多无端轻视。这时，只要我们自己能够用事实向他们宣告，让命运见证奇迹。

1917年10月的一天，在美国堪萨斯州洛拉镇，一家小农舍的炉灶突然发生爆炸。当时，屋里有一个8岁的小男孩，很不幸的是，他没有逃过这次劫难，孩子的身体被严重灼伤。虽然父母迅速将孩子送进医院，伤势得到了及时控制，但医生最终仍然表示无能为力，他无奈地告诉孩子的父母："孩子的双腿伤势太严重，恐怕以后再也无法走路了。"

医生的话犹如晴天霹雳，父母伤心欲绝，他们不敢面对这个事实，也不敢将这个坏消息告诉儿子，但是，能隐瞒多久呢？随着双腿越来越没有知觉，小男孩终于知道了自己将要面对的悲惨现实。生活就是这么残酷！

然而面对如此不幸，男孩没有哭，也没有就此消沉，他暗暗下定决心：一定要再站起来。

男孩在病床上躺了好几个月，终于可以下床了。他拒绝坐轮椅，坚持要自己走。但是，他连站起来的力气都没有，怎么可能走路呢？男孩试了一次又一次，都没有成功。

看着男孩倔强的样子，医生劝他："还是坐在轮椅上吧！以你现在的身体状况，是绝对不可能站起来的。"听到这话，母亲忍不住大声痛哭起来。男孩颓然地倒在床上，他一动不动地盯着天花板，没有任何表情，谁也不知道他在想什么。

在以后的日子里，父母看见儿子终日试图伸直双腿，不管在床上，还是在轮椅上，累了就歇一会儿，然后接着练。就这样足足坚持了两年多，男孩终于可以伸直右腿了。这下，家人对他都有了信心，只要有机会，大家都会帮着男孩练习。一段时间后，男孩竟然可以下地了，但他只能一瘸一拐地走路，很难保持平衡，走几步就会摔倒。又过了几个月，男孩能正常走路了，虽然拉伸肌肉让他疼得说不出话来。这是生命的奇迹，也是信心的奇迹。

这时，男孩想起医生说过自己再也不可能走路的话，但现在，自己做到了，他不由得露出笑容。这个胜利促使他做出一个更大胆而伟大的决定：从明天开始，每天跟着农场上的小朋友跑步，直到追上他们为止。

经过努力锻炼，男孩腿上松弛的肌肉终于再次变得健康起来，多年之后，他的腿和从前一样强壮，仿佛从未发生过那次意外。男孩进入大学后参加了学校的田径赛，他的项目是 1 英里赛跑，因为他立志成为一名长跑选手。从此以后，男孩的一生都和长跑运动紧密相连。这个被医生判定永远不能再走路的男孩，就是美国最伟大的长跑选手之一——格连·康宁罕。

人的一生，都会遇到生命的低谷，这是人生用来考验我们的一份最高含金量的试卷，只有经历过磨砺的人生，才会光芒四射！因为，命运在赐予我们各种打击的同时，往往也把一把开启成功之门的钥匙，放到了我们的手中。

厄运是不幸的，但如果我们选择逃避，它就会像疯狗一样一直追逐我们；如果我们直起身子，它就只有夹着尾巴灰溜溜地逃走。

只要你拥有对生命的热爱，苦难就永远奈何不了你。

1987 年 3 月 30 日晚上，洛杉矶音乐中心的钱德勒大厅内灯火辉煌，座无虚席，人们期盼已久的第 59 届奥斯卡金像奖的颁奖仪式正在这里举行。在热情洋溢、激动人心的气氛中，玛莉·马特琳走上领奖台，从上届影帝——最佳男主角奖获得者威廉·赫特手中接过奥斯卡金像。

手里拿着金像的玛莉·马特琳激动不已。她把手举了起来，但不是那种向人们挥手致意的姿势，眼尖的人已经看出她是在向观众打手语。原来，这个奥斯卡金像奖最佳女主角奖获得者，竟是一个不会说话的哑女。玛莉·马特琳不仅是一个哑巴，还是一个聋子。

玛莉·马特琳出生时是一个正常的孩子，但她在出生 18 个月后，被一次高烧夺去了听力和说话的能力。

这位聋哑女对生活充满了激情。她从小就喜欢表演。8 岁时加入伊利诺伊州的聋哑儿童剧院，9 岁时就在《盎司魔术师》中扮演多萝西。但 16 岁那年，玛莉被迫离开了儿童剧院。所幸的是，她还能时常被邀请用手语表演一些聋哑角色。正是这些表演，使玛莉认识到了自己生活的价值，克服了失望心理。她利用这些演出机会，不断锻炼自己，提高演技。

1985 年，19 岁的玛莉参加了舞台剧《上帝的孩子》的演出。她饰演的是一个次要角色。可就是这次演出，使玛莉走上了银幕。

女导演兰达·海恩丝决定将《上帝的孩子》拍成电影。在物色女主角——萨拉的扮演者时，她发现了玛莉高超的演技，决定立即启用玛莉担任影片的女主角，饰演萨拉。

　　玛莉扮演的萨拉，在全片中没有一句台词，全靠极富特色的眼神、表情和动作，揭示主人公矛盾复杂的内心世界——自卑和不屈、喜悦和沮丧、孤独和多情、消沉和奋斗。玛莉十分珍惜这次机会，她勤奋、严谨、认真对待每一个镜头，用自己的心去拍，因此表演得惟妙惟肖，让人拍案叫绝。就这样，玛莉·马特琳实现了人生的飞翔。她成为美国电影史上第一个聋哑影后。

　　在颁奖晚会后，面对记者的采访，她用手语说：我经历了很多不幸，但是我一直坚信幸运不曾将我遗弃。

　　人生如同演奏一幕长长的戏剧，总会有一些中场休息的时段。在这个时候，所有的表演都会停止，一切的秩序都被舞台上的安静打乱。嘈杂声、口哨声会让观看演出的人感到厌烦，可是当演出再次开始的时候，一切又都恢复了正常，仿佛刚才的凌乱都不曾发生过一样。

　　人生也是一样，幸运不可能永远地伴随我们，它可能会在某一个时段退出我们的生活舞台，又可能在某一个特殊时段重现。可是，当幸运休息的时候，我们就可能面对苦难和折磨，人生将从此走向不幸。

　　但，这种不幸是短暂的。命运女神既然将人生编排成了一幕戏剧，那么她肯定会让其中的演员轮番休息，所以苦难的出现，只是让我们学会了等待戏剧中间的"休止符"，而不是永久地被幸运遗弃。

奥斯卡金像奖，学院奖（英语：The Academy Award of Merit），通称奥斯卡金像奖、奥斯卡奖或奥斯卡（The Oscars；2013年2月20日起成为正式名称）。"奥斯卡金像奖"的正式名称是"电影艺术与科学学院奖"，英文缩写为AA，1928年设立，每年在美国洛杉矶好莱坞举行，半个多世纪以来一直享有盛誉。奥斯卡金像奖是美国一项表彰电影业成就的年度奖项，旨在鼓励优秀电影的创作与发展。奖项由美国电影艺术与科学学院管理并颁发，获奖者将被授予一个金色雕像奖杯。

奥斯卡金像奖于1929年首次在位于加利福尼亚州洛杉矶的好莱坞罗斯福酒店颁发。奥斯卡奖不仅是美国电影业界年度最重要的活动，同时也备受世界瞩目。奥斯卡金像奖与欧洲三大国际电影节被视为世界影坛最重要的四大电影奖。

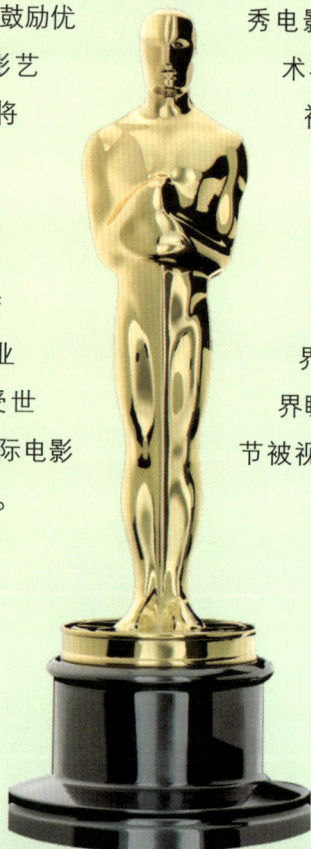

Part 10

从容淡定，
以花开的姿态生活

C o n t r o l   y o u r   l i f e   l i k e   a   f l o w e r

打开尘封的门窗

让阳光雨露洒遍每个角落

走向生命的原野

让风儿熨平前额

从容的力量
The strength of serenity

许多人在遇到紧急情况时，总是会表现出惊慌、忙乱。这种反应对解决问题没有丝毫的帮助，有时反而会令事情越来越糟。唯有淡定从容才是解决问题的最好方法。

日本的江户时期，社会局势很不稳定，当时的武士、浪人都恃自身的武艺而横行霸道。某次，一位非常有名的茶师被告之将随主人去京城一趟。茶师对主人说："您看，我手无缚鸡之力，又没有能力保护自己，万一在路上遇到坏人怎么办？我就不去了吧。"

"不行，我每天都得喝你泡的茶，怎么能不带上你呢。我看这样吧，你就佩上一把剑，扮成武士的样子，或许这样就没有人敢惹你了。"主人说。茶师见无法说服主人，只好换上武士的衣服，跟着主人去了京城。

一天，在京城的大街上，茶师遇到了一个浪人，还来不及避开，那个浪人就举剑向茶师挑衅说："你也是武士，那咱俩比比剑吧。"

"我不懂武功，只是个茶师。"茶师战战兢兢地说。

"你不是一个武士而穿着武士的衣服，就是有辱尊严，你就更应该死在我的剑下！"浪人说。

茶师一想，躲是躲不过去了，就说，"你能不能容我几小时，等我把主人交代的事做完，今天下午我们在郊外的南山下见面。"浪人想了想答应了。

这个茶师直奔京城里面最著名的大武馆，他看到武馆外聚集着成群结队的前来学武的人。茶师分开人群，直接来到武师的面前，对他说："武师，求您教给我一种作为武士的最体面的死法吧！"

武师非常吃惊说："来我这儿的所有人都是为了求生，你是第一个求死的。这是为什么呢？"茶师把与浪人相遇的情形复述了一遍，说："我是一名茶师，我只会泡茶，但是今天不能不跟人家决斗了。求您教我一个办法，我只想死得有尊严一点。"

武师说："那好吧，你先为我泡一次茶，然后我再告诉你办法。"茶师很是伤感，说："这可能是我在这个世界上泡的最后一次茶了。"

茶师做得很用心，很从容地看着山泉水在小炉上烧开，然后把茶叶放进去，洗茶，滤茶，再一点一点地把茶倒出来，捧给武师。武师一直看着他泡茶的整个过程，他品了一口茶说："这是我有生以来喝到的最好的茶了，我可以告诉你，你已经不必死了。"

茶师说："您答应要教给我方法吗？"武师说："我不用教你什么，你只要记住用泡茶的心去面对那个浪人就行了。"

茶师拜谢过武师后，就去赴约了。浪人已经在那儿等他。见到茶师，立刻拔出剑来说："你既然来了，那我们开始比武吧！"

茶师一直想着武师的话，就以泡茶的心面对这个浪人。只见他笑着看定了对方，然后从容地把帽子取下来，端端正正放在旁边；再解开宽松的外衣，一点一点叠好，压在帽子下面；又拿出绑带，把里面的衣服袖口扎紧；然后把裤腿扎紧……他从头到脚不慌不忙地装束自己，一直气定神闲。

对面这个浪人越看越紧张，越看越恍惚，因为他猜不出对手的武功究竟有多深。对方的眼神和笑容让他越来越心虚。等到茶师全都装束停当，最后一个动作就是拔出剑来，把剑挥向了半空，然后停在了那里，因为他也不知道再往下该怎么办了。此时，只见浪人"扑通"一声，就给他跪下了，说，"求您饶命，您是我这辈子见过的武功最厉害的人。"

心灵的从容、坦荡、平静，有时能胜过利剑和绝世武功。谁在处世时能够做到从容、平静，谁便会成为最后的赢家。

享受生命的快乐
Enjoy life

当"二战"战火直逼英国时，丘吉尔临危受命，肩负起战时首相和三军最高统帅的重任。他凭着智慧和勇气，不但打败了敌人，也征服了自己。那个世界没有他的话，将失去多少光彩啊！同时，这位叱咤战场的风云人物也是世界政治明星中少有的寿星，在人间天堂里漫游了 90 多个春秋。

有人说，丘吉尔是政治家中最贪图享受的一个。他奢华的生活饱受争议，但已成为他的一个标签。

平时，他乐于穿戴高级华丽的衣着，也喜爱精美的佳肴，更愿意有美丽的女郎与他相随。即使是在他行将就木前，也没有忘记要上一杯上等白兰地，一饮而尽，啜饮最后一滴人生的甘美。他的妻子克莱门坦·丘吉尔直言不讳地说，她的丈夫贪图享受，这种欲望十分强烈。谁要是能给予他所喜爱的舒适环境和东西，他都会接受其款待。

丘吉尔一生身体健康，精力充沛，爱好消遣，喜欢享受生活的甘美。他漫长坎坷的一生，是创造的一生，也是按自己的方式快乐生活的一生。

若是普通人喜好奢华舒适，恐怕人们只会说他会享受，然而大名鼎鼎的丘吉尔先生享受生活时，却只会被说"贪图"。真正懂得生活的人，不会去计较别人的评判，而是按照适合自己的方式生活，按照自己的方式做好自己的事业。

我们生活是为了自己，而不是生活给别人看的。所以，只要选择适合自己的生存方式就好，没必要受别人的影响而改变自己。

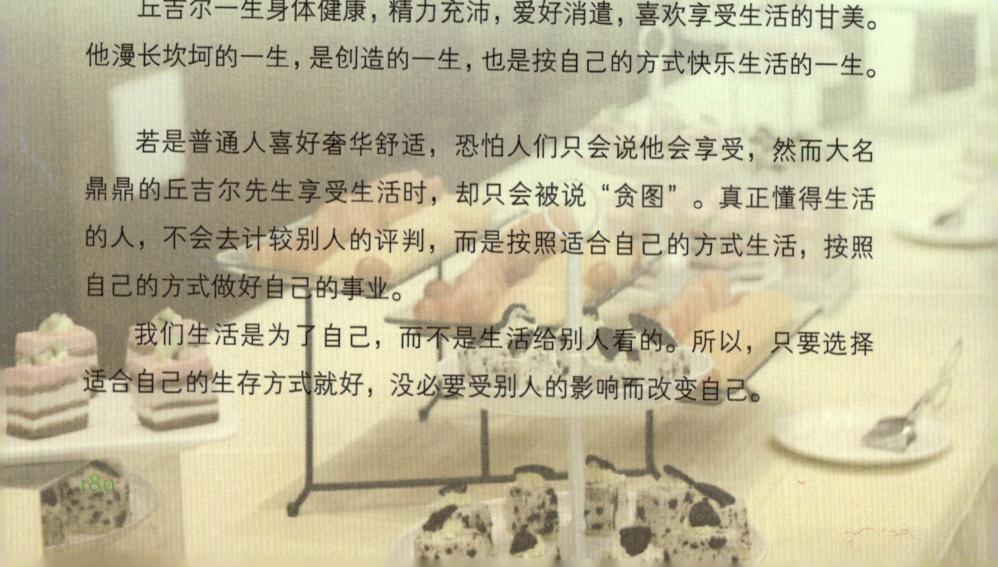

高效利用好早起的时间
Efficient use of early time

睡前
1. 准备一杯水。
2. 规划第二天早起要做的事情。

起床
1. 在床上伸展一下身体。
2. 冷水洗脸。
3. 活动一下全身关节。

起床后
1. 阅读：读书 30 ～ 40 分钟，并做个笔记：
2. 学习外语：记忆 20 ～ 30 个单词，练练听说外语。
3. 锻炼身体：慢跑、瑜伽、游泳。

上班
在前一晚的规划中，选出最重要的事情，并立刻着手去做。

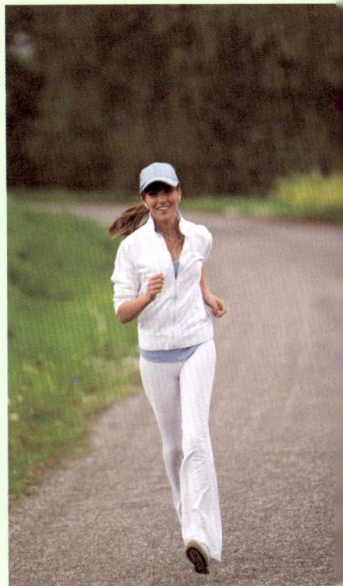

另一种美
Another kind of beauty

体会了没有脚的痛楚，才明白为没有鞋子而哭泣是多么浅薄；经历了归途的风雨坎坷，蓦然回首，才发现来时的路竟是如此美丽的一种风景。没有人能够完全把握前路的东西，但却也没有理由不微笑走向生活。

克劳兹是美国某企业总裁，他奋斗了 8 年让企业的资产由 200 万美元发展到 5000 万美元。2005 年他去华盛顿领取了本年度国家蓝色企业奖章。这是美国商会为奖励那些战胜逆境的中小企业颁发的，那年只颁发了 6 枚奖章。

克劳兹可以算是一个成功的企业家了，可他的心中却有一个难言之隐，他将它深深藏在心里已经很多年了。白天克劳兹应接不暇地处理对外事务，好像是忙得没有时间去阅读邮件和文件。很多文件由公司的管理人员白天就处理好了，白天遗留下来的文件，到了晚上，由他的妻子莱丝帮助他处理，他的下属对他无法阅读这件事一直一无所知。

克劳兹的痛苦起源于童年。当时他在内华达的一个小矿区里上小学。

"老师叫我笨蛋，因为我阅读困难。"他说。他是整个学校里最安静的小孩，他总是默默地坐在教室的最后一排。他天生有阅读障碍，老师又责骂他，这使得他在学校的学习变得更艰难了。1963 年，他从高中勉强毕业，当时他的成绩主要是 C、D 和 F。

高中毕业后，克劳兹搬到了雷诺市，用 200 美元的本金开了一家小机械商店。经过不懈的努力，1997 年他已经成功开了 5 个分店，资产超过了 200 万美元。今天他的企业已经成为所在行业的佼佼者,公司每年至少有 1500 万美元的利润。

克劳兹害怕受到那些大多是大学毕业的首席执行官们的嘲笑和轻视。但是,他没想到他得到的是更多的支持和鼓励。

"这使我更加佩服他获得的成功,这加深了我对他的敬意。"约斯特说。另外,当克劳兹告诉他的雇员他不会阅读的时候,也赢得了雇员们的尊重。克劳兹说:"自从我下决心让每个人都知道这件事以来,我心里轻松了许多。"

从那以后,克劳兹聘请了一名家庭教师为他做阅读辅导。克劳兹最近正在读一本管理方面的书。他在所有他不认识的单词下面画线,然后去查词典。他希望有一天他能像他妻子那样可以迅速地读完办公桌上所有的文件和信函。更重要的是,他希望他的故事能鼓励其他正在学习阅读的人。

当缺憾也成为一种美的时候,还有什么坎不能迈过吗?

一份感恩一份平和，一份进取一份收获
No pains, no gains

人生是残酷的，人类是脆弱的。人生在世，免不了要遭受苦难，有时是个人不可抗拒的天灾人祸，比如遭遇乱世或灾荒，患上危及生命的重病乃至绝症，挚爱的亲人死亡；有时也是个人在社会生活中的重大挫折，比如失恋、婚姻破裂、事业失败的折磨等。

在这个世界上，一个人就像一只蚂蚁一样，一生匍匐在大地之上劳作，备受折磨。很多人在面对种种折磨的时候，听天由命，最后就真的成了蚂蚁，平庸地度过一辈子。

但面对这样的人生，有些人却超越了这一切，他们对折磨抱持一种感谢的态度，世界在他们的眼中变了一个样。苦难、挫折和失败在别人的眼中如洪水猛兽，但在他们眼中却自有一种美好，他们不逃避一切，勇敢地迎难而上，他们的人生因此变得与众不同。

怀着感激去生活，我们便拥有了一份理智、一份平和、一份进取，才不会浮躁、不会抱怨、不会悲观，更不会放弃。人们常说，保持微笑可以延缓衰老，使我们更显年轻，而常怀感激则会使我们的心永远充满希望，生机盎然。

感恩之心会给我们带来无尽的快乐。为生活中的每一份拥有而感恩，能让我们知足常乐。感恩是把所有的拥有看作是一种荣幸、一种鼓励，在深深感激之中产生回报的积极行动，与他人分享自己的拥有。

感恩之心使人警醒并积极行动，更加热爱生活，

创造力更加活跃；感恩之心使人向世界敞开胸怀，投身到仁爱行动之中。没有感恩之心的人，永远不会懂得爱，也永远不会得到别人的爱。

拥有感恩之心的人，即使仰望夜空，也会有一种感动，体会到快乐，正如康德所说："在晴朗之夜，仰望天空，就会获得一种快乐，这种快乐只有高尚的心灵才能体会出来。"

那些安静陪伴你的小伙伴
The small partners

1 龙猫

毛丝鼠是啮齿目毛丝鼠科毛丝鼠属动物的统称。毛丝鼠体型小而肥胖，尾端的毛长而蓬松。全身布满均匀的绒毛，其状如丝一样致密柔软，故得名。其为原产于南美洲安第斯山脉地区的兔子大小的花栗鼠类动物，以皮毛柔软漂亮而闻名于世，由于人类的大肆捕杀而濒临灭绝。本属只有 2 个品种，两者皆为极危（CR）物种。由于毛丝鼠的长相与日本动画大师宫崎骏的动画片《龙猫》中的主人公龙猫太郎相似，故称之为龙猫。

2 伴侣犬

伴侣犬通常指不参与工作，仅为人类做伴，常给人们带来乐趣的犬。这类犬中不同品种的体型和性格有很大差异，如娇小安静的北京犬和活跃快乐的大麦町犬，最佳选择是拉布拉多犬。

186

3 金鱼

在人类文明史上，中国金鱼已陪伴着人类生活了十几个世纪，是世界观赏鱼史上最早的品种。金鱼易于饲养，它身姿奇异，色彩绚丽，形态优美。鱼能美化环境，很受人们的喜爱，是具有中国特色的观赏鱼。

4 土拨鼠

土拨鼠主要以素食为主，食物大多为：蔬菜、苜蓿草、莴苣、苹果、豌豆、玉米及其他蔬果，一天最多可以吃上5公斤的绿色蔬果。饲养时，除了新鲜蔬果之外，建议饲喂兔子饲料。

5 波斯猫

波斯猫是最常见的长毛猫。波斯猫有一张讨人喜爱的面庞，长而华丽的背毛，优雅的举止，故有"猫中王子""王妃"之称，是世界上爱猫者最喜欢的一种纯种猫，占有极其重要的地位。在世界范围内，波斯猫受到了极大欢迎，养猫者为有一只波斯猫而自豪。

6 荷兰猪

豚鼠又名荷兰鼠、荷兰猪、天竺鼠、几内亚猪，这种动物在大自然中已经不复存在。人们现在喜欢把这种憨态可掬的小动物当作宠物。

生命就在一呼一吸间
Life is in the breath

　　人活着，不是为了一宿三餐；生命的意义，也不在于奔走钻营；生命的价值，更不在于本身的条件优劣。

　　其实我们的生命跟朝露没有两样，看起来不乏美丽，可只要阳光一照，眨眼的工夫就干枯消逝了。既然生命的凋谢如此容易，我们有什么理由不珍惜时间呢？

　　世界上，只有时光和空间才是恒定的主人，人只不过是匆匆的过客。生命是虚无而又短暂的，它在于一呼一吸之间，在于一分一秒之中，它如流水般消逝，永远不复回。所以，当我们每天清晨从睡梦中醒来时，都应该感谢生命，感谢生活赐予了我们崭新的朝阳，崭新的曦光，崭新的夕阳。

　　人生不过是时间的累积，任何人都不可能今天把时间存入银行，明天再取出来使用。垂死的人倾尽毕生钱财都无法换得一口气。生命短暂如流星一般，你稍不留神就与它擦肩而过。所以，浪费生命是最大的人生悲剧，我们要好好地活着，让生命的每一分钟都能体现出我们的价值，让自己每一天都能在心灵的思索与生命的行走中获得充实的快乐。

我思想，故我是蝴蝶……
万年后小花的轻呼，
透过无梦无醒的云雾，
来振撼我斑斓的彩翼。

——戴望舒

调整生命的乐器

Life is like a musical instrument

　　一位伟大的音乐家说，没有什么东西比演奏一件失调的乐器，或是与那些没有好声调的人一起演唱，更能迅速地破坏听觉的敏感性，更能迅速地降低一个人的乐感和音乐水准的了。一旦这样做以后，他就不会潜心地去区分音调的各种细微差异了，他就会很快地去模仿和附和乐器发出的声音。这样，他的耳朵就会失灵。要不了多久，这位歌手就会形成一种唱歌走调的习惯。

　　在人生这支大交响乐中，你使用的是哪种乐器，无论它是提琴、钢琴，还是你在文学、法律、医学或任何其他职业中表现的思想、才能，这些都无关紧要，但是，在没有使这些"乐器"定调的情况下，你不能在你的听众——世人面前开始演奏你的人生交响乐。

　　无论你干什么事情，都不要玩得走样，都不要唱得走调或工作失调，更不要让你失调的乐器弄坏了耳朵和鉴赏力。

　　心灵的自由与和谐相当重要，心理失调对一个人的生活质量来说是致命的。那些极具毁灭性的情感，比如担忧、焦虑、仇恨、嫉妒、愤怒、贪婪、自私等，都是生活的致命敌人。一个人受到这些情感的困扰时，他就不可能将他的生活处理好，这就好像具有精密机械装置的一块手表，如果其轴承发生摩擦就走不准一样。

　　而要使这块表走得很准，那就必须精心地调整它。每一个齿轮、每一个轮牙、每一根轴承都必须运转良好，因为任何一个缺陷、任何一个麻烦、任何地方出现了摩擦，都将使手表无法走得很准时。人体这架机器要比最精密的手表还精密得多。

　　在开始一天的生活之前，人也需要调整，也需要保持心灵非常和谐的状态。换一种活法，改变一下自己，我们也许就会找到生活的幸福和快乐。学会享受生活，经营心灵的自由与和谐，你就能够感受生命的伟大与自豪。

1 克勒策小提琴

这把小提琴的作者是安东尼奥·斯特拉迪瓦里，它于 1727 年问世。它曾被法国大作曲家和小提琴家鲁道夫·克勒策使用过多年。克勒策用这把小提琴演奏出的音乐，曾经赢得音乐大师贝多芬的多次高度评价。

2 施坦因韦·莫德尔 Z 钢琴

这架钢琴目前是全球最贵的钢琴，它产自德国汉堡。当年，英国甲壳虫乐队曾经用这架钢琴创作了脍炙人口的流行歌曲 *Imagine*。这部钢琴的最大收藏价值在于，至今钢琴琴身右侧上方还保留着甲壳虫乐队灵魂人物列侬用香烟烫过的痕迹。

3 邦茹大提琴

安东尼奥·斯特拉迪瓦里 1696 年制作了邦茹大提琴，目前它是世界上最贵的大提琴。大提琴的名字是为了纪念法国最知名的大提琴家邦茹。

4 不莱基吉他

摇滚乐界著名歌手、有着"吉他之神"绰号的艾瑞克·克拉普顿曾经多年使用过这把吉他。

在自然中体悟生命本真

Learn the meaning of life in nature

横亘的大山，茂密的森林，成群的山羊和宠物，美丽的小屋……这就是丽贝卡在澳大利亚詹伯鲁的生活。她站在绿茵茵的草地上，晨曦洒在她历经 92 年寒暑的脸上，阳光般灿烂的笑容年轻得令人吃惊。她一个人在这里过着孤单但不孤独的生活，几个为露营者准备的帐篷为她带来一定的收入。山羊奶是她最好的营养品。她每天都要在林中散步。如果不能按计

划行事，她也要在脑子里把那条路走一遍。

　　读完以上文字，你感觉这位主人公的生活怎样，是不是感到一股凉凉爽爽、淡雅悠长的气息迎面而来？这位主人公的生活，清新、简朴、淡雅、乐观，其实很令人羡慕。

　　以推崇"简单生活"理论闻名的美国作家玛丽·茵·普兰特指出：当你用一种新的视野观看生活、对待生活时，你就会发现许多简单的东西才是最美丽的，而许多美的东西正是那些最简单的事物。

　　有史以来，大自然一直被视为赋予万物灵性、美化心灵并赐予人类灵感的神圣象征而存在于各种文化之中。接触大自然给人一种别样的感觉，当你抛下一切工作来到海边，看着那湛蓝湛蓝的大海，浩瀚无边，大海以其博大的胸襟容纳着那些江河，让你突然之间觉得曾经那些明争暗斗一下子变得俗不可耐，变得如此不值得一提，让自己的心情尽力融入海风中，那些鲜亮的贝壳，那些鲜活的生命，让人一下子觉得清新无比。当海风拂过脸颊，一种由衷的超脱感，于是我们感慨：其实生活可以这么简单这么充满活力地度过。

　　当你来到一片绿油油的麦田旁边，呼吸着来自田间带着泥土味的大自然的香味，看着这一草一木都翠绿翠绿地生长着，看着水渠里清澈的水流向远方，听着荷塘里青蛙呱呱地叫着，哪怕平日里惹人烦的知了此刻也会变得可爱无比，这就是大自然的声音，很简单，却令人心旷神怡……

人们为什么如此热爱旅游，尤其喜欢到名山大川，到大自然中去，就是去寻找生命的真谛。找回生命本真，体验简单生活，唯一的出路就是亲近自然。

因此，我们应该将亲近自然确定为精神追求中的重要的一部分。不妨每天出去散步，这样一方面可以呼吸新鲜空气，锻炼身体；另一方面可以让你的内心感受阳光、蓝天、大地，感受世间万物的美丽。